SITZUNGSBERICHTE DER SÄCHSISCHEN AKADEMIE
DER WISSENSCHAFTEN ZU LEIPZIG

Mathematisch-naturwissenschaftliche Klasse
Band 109 · Heft 3

GÜNTHER EISENREICH

ZUR SYZYGIENTHEORIE UND THEORIE DES INVERSEN SYSTEMS PERFEKTER IDEALE UND VEKTORMODULN IN POLYNOMRINGEN UND STELLENRINGEN

AKADEMIE-VERLAG · BERLIN
1970

SITZUNGSBERICHTE DER SÄCHSISCHEN AKADEMIE
DER WISSENSCHAFTEN ZU LEIPZIG

Mathematisch-naturwissenschaftliche Klasse
Band 109 · Heft 3

GÜNTHER EISENREICH

ZUR SYZYGIENTHEORIE UND THEORIE DES INVERSEN SYSTEMS PERFEKTER IDEALE UND VEKTORMODULN IN POLYNOMRINGEN UND STELLENRINGEN

AKADEMIE-VERLAG · BERLIN
1970

Vorgelegt durch Herrn KELLER am 6. Oktober 1969
Manuskript eingeliefert am 15. November 1969
Druckfertig erklärt am 11. Oktober 1970

Erschienen im Akademie-Verlag GmbH, 108 Berlin, Leipziger Straße 3–4

Lizenznummer: 202 · 100/591/70
Gesamtherstellung: VEB Druckerei „Thomas Müntzer", 582 Bad Langensalza
Bestellnummer: 2027/109/3 · ES 19 B 2
EDV 761 375 2
10,80

EINLEITUNG[1])

In der Arbeit [5] haben wir einen Dualitätssatz für nulldimensionale Ideale und Vektormoduln $\mathfrak{a}$ (d. h. Moduln, deren Elemente k-reihige Vektoren mit Komponenten aus dem zugrunde liegenden Ring sind) über einem regulären Stellenring s der Dimension n mit dem maximalen Primideal $\mathfrak{p}$ bewiesen. Dieser Satz wurde durch die Deutung der Zeilenzahl der letzten Syzygienmatrix β^{n-1} von $\mathfrak{a}$ als Ideal- bzw. Modulkettenlänge $\left(\frac{\mathfrak{a}}{\mathfrak{a}:\mathfrak{p}}\right)$ nahegelegt [4]. Es wird darin $\mathfrak{a}$ der von den Spalten von β^{n-1} erzeugte und bis auf (in natürlicher Weise definierte) Äquivalenz eindeutig bestimmte Vektormodul $\dot{\mathfrak{a}}$ als sog. dualer Vektormodul zugeordnet, und es wird gezeigt, daß $\dot{\mathfrak{a}}$ wiederum nulldimensional ist und dieselbe Länge wie $\mathfrak{a}$ besitzt, daß die Abbildung $\mathfrak{a} \rightarrow \dot{\mathfrak{a}}$ im Sinne der eben genannten Äquivalenz involutorisch ist und daß die Kette der Syzygienmatrizen von $\dot{\mathfrak{a}}$ mit der in umgekehrter Reihenfolge durchlaufenen Kette von Syzygienmatrizen von $\mathfrak{a}$ identifiziert werden kann. (Die letztere Eigenschaft werde als Umkehrbarkeit der Syzygienkette von $\mathfrak{a}$ bezeichnet.)

Den Ausgangspunkt für die vorliegende Arbeit bildete die Absicht, diese Ergebnisse einerseits auf Polynomringe und andererseits auf Moduln einer Dimension >0 zu verallgemeinern. Dabei stellte es sich heraus, daß diese Sätze für eine Klasse von Vektormoduln charakteristisch sind, die im Spezialfall homogener Polynomideale mit der Klasse der von MACAULAY [19] (siehe auch [6], [7] und hinsichtlich der Terminologie bei anderen Autoren [10]) zuerst in ihrer Bedeutung erkannten perfekten Ideale zusammenfällt, und damit zur Definition des Begriffs perfekter Modul Anlaß geben.[2]) Daher stehen im folgenden die perfekten Moduln im Vordergrund der Betrachtung.

---

[1]) Die vorliegende Arbeit stellt im wesentlichen die Habilitationsschrift des Verfassers (Mathematisch-Naturwissenschaftliche Fakultät der Karl-Marx-Universität Leipzig, Juli 1968; Gutachter: Prof. Dr. KELLER, Halle, und Prof. Dr. KLAUA, Leipzig) in leicht gekürzter Fassung dar.

[2]) Wie dem Verfasser erst nach Abschluß dieser Arbeit durch private Mitteilung bekannt wurde, hat GRÖBNER bereits seit langem vermutet, daß es genau die perfekten Ideale sind, deren Syzygienkette umkehrbar ist.

Darüber hinaus ließ sich der von MACAULAY eingeführte, aber im Grunde genommen bereits bei LASKER [17] vorhandene Begriff des inversen Systems von Polynomidealen auf beliebige Vektormoduln $\mathfrak{a}$ über Polynomringen und (regulären) Stellenringen A verallgemeinern, indem man als inverses System $\check{\mathfrak{a}}$ von $\mathfrak{a}$ einen A-Vektormodul wählt, dessen Elemente Vektoren mit Komponenten aus einem festen A-Modul $\check{A}$ sind, dem inversen System des Nullideals. Indem man an die letzte Syzygienmatrix des perfekten Moduls $\mathfrak{a}$ als verallgemeinerte Syzygienmatrix eine geeignete Matrix mit Elementen aus $\check{A}$ anschließt, deren Zeilen das inverse System von $\dot{\mathfrak{a}}$ erzeugen, ergibt sich eine unmittelbare Verbindung zur nullten Syzygienmatrix von $\mathfrak{a}$: die Spalten dieser verallgemeinerten Syzygienmatrix stellen eine Basis für das inverse System von $\mathfrak{a}$ dar. Dieser Zusammenhang setzt gleichzeitig den Dualitätssatz in ein neues Licht. Deutet man im Falle eines Polynomringes $R = k[x_1, \ldots, x_n]$ die Elemente von R vermöge der Zuordnung $x_i \to \frac{\partial}{\partial x_i}$ als Differentialoperatoren mit konstanten Koeffizienten, die Elemente von $\check{R}$ dagegen als (konvergente oder formale) Potenzreihen in den x_i, so ergibt sich auf diese Weise eine interessante involutorische Zuordnung zwischen zwei partiellen Differentialgleichungssystemen für mehrere gesuchte Funktionen (deren Anzahl überdies für die beiden Systeme verschieden sein kann). —

In Kapitel I stellen wir von uns im weiteren benötigte und vielfach im wesentlichen bekannte Aussagen aus der Idealtheorie im Zusammenhang dar.

Kapitel II enthält die Theorie der Vektormoduln, soweit sie für uns von Interesse ist. Wir führen darin u. a. einen unseren Zwecken angepaßten Äquivalenzbegriff ein und stellen die Primärzerlegung und Dimensionstheorie von Moduln in einer der Sprache der Vektormoduln angemessenen Weise dar. Dabei kommt dem Begriff des „Diagonalideals" $\Delta(\mathfrak{a})$ eines Moduls $\mathfrak{a}$, d. h. der Menge der $\alpha \in A$ mit $\alpha \cdot A^{(k)} \subset \mathfrak{a}$ ($A^{(k)} = k$-fache direkte Summe von A mit sich selbst), eine besondere Bedeutung zu; er steht dem MACAULAYschen Begriff des durch eine Matrix dargestellten Ideals nahe, weist aber bessere Invarianzeigenschaften als dieser auf. Neben die zu einem Modul gehörigen Primideale stellen wir die Primmoduln, was zu einer Verallgemeinerung der für Ideale bekannten Aussagen in zwei Richtungen führt, und werfen die Frage auf, ob jede feine Kette von irreduziblen Primmoduln, die zwischen zwei irreduzible Primmoduln eingeschaltet werden kann, die gleiche Länge besitzt. Im letzten Paragraphen schließlich geben wir die allgemeine Definition der perfekten Moduln. Im Anhang, der sich hieran eng anschließt, beweisen wir eine Verallgemeinerung der bekannten Ungleichung „Höhe eines Ideals $\leq$ Anzahl der Basiselemente", die in Analogie zu den Hauptklassenidealen die Definition von Hauptklassenmoduln nahelegt. Wir zeigen mit syzygientheoretischen Mitteln, daß derartige Moduln stets perfekt sind, und beweisen eine Verallgemeinerung eines Satzes von DARBOUX-LASKER.

Im III. Kapitel geben wir eine axiomatische Einführung des inversen Systems von Idealen und Vektormoduln, für die wir im Falle von Polynomringen und regulären Stellenringen die Existenz von Realisierungen nachweisen. Zum Schluß werden u. a. Aussagen über die Anzahl der Basiselemente eines inversen Systems gemacht.

Kapitel IV behandelt die Syzygientheorie. Wir stellen sie nicht in der Sprache der homologischen Algebra (siehe etwa [3], [20]) mittels der projektiven Auflösung von Moduln dar, da für uns bloße Isomorphieaussagen zu schwach sind und daher die matrizentheoretische Formulierung unseren Zwecken besser entspricht. In Paragraph 3 führen wir den Begriff des dualen Moduls ein. Die Überlegenheit des Diagonalideals über das durch eine Matrix dargestellte Ideal tritt bereits in dem in diesem Zusammenhang bewiesenen einfachen Hilfssatz zutage. Anschließend wird als eine Anwendung hiervon eine Deutung der Zeilenzahlen der Syzygienmatrizen als Modulkettenlängen gegeben. Im folgenden Paragraphen beweisen wir nach dem Vorbild von GRÖBNER ([6], [7]) ein praktisch brauchbares syzygientheoretisches Kriterium für die Perfektheit eines Vektormoduls, nach dem auch im allgemeinen Falle aus der Perfektheit die Ungemischtheit folgt. Die Paragraphen 6 und 7 enthalten die bereits angekündigten Hauptsätze der Theorie. Als Folgerung ergibt sich u. a., daß die Idealkettenlängen $\left(\frac{\mathfrak{a}}{\mathfrak{a}:\mathfrak{b}}\right)$ und $\left(\frac{\mathfrak{b}}{\mathfrak{b}:\mathfrak{a}}\right)$ im Falle nulldimensionaler irreduzibler Ideale $\mathfrak{a}$, $\mathfrak{b}$ eines regulären Stellenrings gleich sind, ein Resultat, das dem Satz über reziproke Ideale von GRÖBNER ([11], s. auch [15]) verwandt erscheint.

Im anschließenden Kapitel V beweisen wir insbesondere den bereits oben skizzierten Zusammenhang zwischen Syzygientheorie und Theorie des inversen Systems und deuten ihn zur Illustration in der Sprache der Differentialgleichungssysteme.

I. GRUNDLAGEN

1. Grundbegriffe

1. Wir betrachten im folgenden Ideale und Moduln über einem kommutativen noetherschen Ring A. Als A kommt für uns im allgemeinen einmal der Polynomring $R = k[x_1, \ldots, x_n]$ der Dimension n in n Unbestimmten $x_1, \ldots, x_n$ über einem Körper k oder zum anderen ein Stellenring s in Frage, dessen maximales Primideal $\mathfrak{p}$ eine (ein für allemal fest gewählte) Minimalbasis aus n Elementen $u_1, \ldots, u_n$ besitzen möge[1]); zahlreiche Aussagen bleiben jedoch auch in allgemeineren noetherschen Ringen gültig. Sind mehrere derartige Ringe gleichzeitig zu untersuchen, so sollen sie sinngemäß durch Indizes o. dgl. unterschieden werden. Wenn sich Definitionen, Sätze oder Beweise in gleicher Weise auf Polynomringe und Stellenringe beziehen, wählen wir statt R oder s die neutrale Bezeichnung A und unterscheiden nicht zwischen x_i und u_i

Von den zu betrachtenden Stellenringen s setzen wir in der Regel voraus, daß sie *regulär* sind, d. h. (vgl. etwa [13], Nr. 234), daß aus einer Beziehung

$$\sum_{i_1+\cdots+i_n=m} \alpha_{i_1,\ldots,i_n} u_1^{i_1} \ldots u_n^{i_n} \in \mathfrak{p}^{m+1} \quad \text{mit } \alpha_{i_1,\ldots,i_n} \in s$$

stets $\alpha_{i_1,\ldots,i_n} \in \mathfrak{p}$ folgt. Dann ist n gleich der (KRULLschen) Dimension von s.

Der Quotientenkörper von A werde mit (A) bezeichnet.

2. $a_1 \cdot A + \cdots + a_\mu \cdot A$ bedeute das von den $a_i \in A$ erzeugte Ideal $\mathfrak{a}$; wenn keine Verwechslungsgefahr besteht, schreiben wir hierfür auch gelegentlich $\mathfrak{a} = (a_1, \ldots, a_\mu)$.

Im Falle eines Polynomrings R sind für uns neben allgemeinen (inhomogenen) Idealen insbesondere homogene Ideale von Wichtigkeit, d. h. solche Ideale, die eine aus Formen in den x_i bestehende Basis besitzen. Liegt ein homogenes Ideal vor, so sollen in der Regel nur aus Formen bestehende Basen in Betracht gezogen werden. Für derartige Ideale gelten ähnlich glatte Ergebnisse wie für die Ideale in Stellenringen. Die Hauptresultate dieser Arbeit haben jedoch für homogene und inhomogene Ideale in gleicher Weise Gültigkeit; auf Unterschiede wird an gegebener Stelle hingewiesen werden.

In beiden Arten von uns betrachteter Ringe gilt der *Durchschnittssatz* ([22], [14]):

Der Durchschnitt aller Potenzen eines vom ganzen Ring verschiedenen Ideals $\mathfrak{b}$ [2]) *ist gleich dem Nullideal.*

Wir können daher jedem Element $a \neq 0$ von A eine $\mathfrak{b}$-Ordnung (Anfangsgrad) $\nu_{\mathfrak{b}}(a)$ mit den Eigenschaften $a \in \mathfrak{b}^{\nu_{\mathfrak{b}}(a)}$, $a \notin \mathfrak{b}^{\nu_{\mathfrak{b}}(a)+1}$ zuordnen. $\nu_{\mathfrak{b}}(0)$ sei gleich ∞ gesetzt.

---

[1]) In Beispielen schreiben wir ohne Erklärung statt u_1, u_2, u_3 auch kurz u, v, w und statt x_1, x_2, x_3 auch x, y, z.

[2]) Wir nehmen im folgenden im allgemeinen stillschweigend an, daß für unsere Ideale $\mathfrak{b}$ diese Voraussetzung $\mathfrak{b} \neq A$ erfüllt ist.

Wendet man den Satz auf das maximale Primideal des Stellenrings $s/\mathfrak{a}$ ($\mathfrak{a}$ Ideal von s) an, so folgt

$$\bigcap_{i=1,\ldots,\infty} (\mathfrak{a} + \mathfrak{p}^i) = \mathfrak{a}$$

(*Satz von* Krull).

3. Sind zwei Ideale $\mathfrak{a}$ und $\mathfrak{b}$ von A mit $\mathfrak{b} \subset \mathfrak{a}$ [1]) Primärideale zum gleichen Primideal $\mathfrak{P}$, so bezeichne $\left(\frac{\mathfrak{b}}{\mathfrak{a}}\right)_{\mathfrak{P}}$ oder kurz $\left(\frac{\mathfrak{b}}{\mathfrak{a}}\right)$ die Länge m einer nicht weiter verfeinerbaren Teilerkette

$$\mathfrak{b} = \mathfrak{b}_0 \subset \mathfrak{b}_1 \subset \mathfrak{b}_2 \subset \cdots \subset \mathfrak{b}_m = \mathfrak{a} \qquad (*)$$

aus paarweise voneinander verschiedenen, zu $\mathfrak{P}$ gehörigen Primäridealen $\mathfrak{b}_i$.[2]) Dieses Symbol ist von der Wahl der Teilerkette unabhängig, und für drei derartige Primärideale $\mathfrak{a}, \mathfrak{b}, \mathfrak{c}$ mit $\mathfrak{c} \subset \mathfrak{b} \subset \mathfrak{a}$ gilt daher

$$\left(\frac{\mathfrak{c}}{\mathfrak{b}}\right) + \left(\frac{\mathfrak{b}}{\mathfrak{a}}\right) = \left(\frac{\mathfrak{c}}{\mathfrak{a}}\right).$$

Wir setzen unter Verallgemeinerung dieser Formel, indem wir $\left(\frac{\mathfrak{P}}{A}\right) = \left(\frac{\mathfrak{P}}{A}\right)_{\mathfrak{P}}$ als 1 deuten,

$$l_{\mathfrak{P}}(\mathfrak{a}) = \left(\frac{\mathfrak{a}}{A}\right) = \left(\frac{\mathfrak{a}}{\mathfrak{P}}\right) + \left(\frac{\mathfrak{P}}{A}\right) = \left(\frac{\mathfrak{a}}{\mathfrak{P}}\right) + 1$$

und nennen $l_{\mathfrak{P}}(\mathfrak{a})$ die $\mathfrak{P}$-Länge oder, wenn keine Verwechslungsgefahr besteht, auch die Länge $l(\mathfrak{a})$ von $\mathfrak{a}$.[3])

Sind allgemeiner $\mathfrak{a}$ und $\mathfrak{b}$ beliebige Ideale von A mit $\mathfrak{b} \subset \mathfrak{a}$, zu denen dieselben, nicht eingebetteten Primideale $\mathfrak{P}_i$ gehören ($i = 1, \ldots, r$), und sind entsprechend

$$\mathfrak{a} = \mathfrak{a}_1 \cap \cdots \cap \mathfrak{a}_r,$$

$$\mathfrak{b} = \mathfrak{b}_1 \cap \cdots \cap \mathfrak{b}_r$$

die zugehörigen Primärzerlegungen, so ist $\mathfrak{b}_i \subset \mathfrak{a}_i$; dann werde

$$\left(\frac{\mathfrak{b}}{\mathfrak{a}}\right)_{\mathfrak{P}_i} = \left(\frac{\mathfrak{b}_i}{\mathfrak{a}_i}\right), \qquad \left(\frac{\mathfrak{b}}{\mathfrak{a}}\right) = \sum_{i=1}^{r} \left(\frac{\mathfrak{b}}{\mathfrak{a}}\right)_{\mathfrak{P}_i}$$

---

[1]) Das Zeichen $\subset$ soll die Gleichheit nicht ausschließen.

[2]) Im Falle eines nulldimensionalen Ideals $\mathfrak{b}$ braucht natürlich nicht ausdrücklich gefordert zu werden, daß die $\mathfrak{b}_i$ primär sind.

[3]) Das bedeutet gerade, daß $l(\mathfrak{a})$ die Gliederzahl einer Kompositionsreihe von $A_{\mathfrak{P}}/\mathfrak{a} \cdot A_{\mathfrak{P}}$ ist (vgl. Nr. **4**).

gesetzt. $\left(\frac{\mathfrak{b}}{\mathfrak{a}}\right)$ ist die Länge m einer nicht weiter verfeinerbaren Teilerkette der Form (*) aus paarweise voneinander verschiedenen Idealen $\mathfrak{b}_j$, zu denen die Primideale $\mathfrak{P}_i$ gehören. Diese Aussagen bleiben sinngmäß gültig, wenn wir zulassen, daß zu $\mathfrak{a}$ nicht alle $\mathfrak{P}_i$ gehören, und dementsprechend einige $\mathfrak{a}_i$ formal durch A zu ersetzen haben. Wir wollen $l_{\mathfrak{P}_i}(\mathfrak{a}) = l_{\mathfrak{P}_i}(\mathfrak{a}_i)$ die $\mathfrak{P}_i$-Länge von $\mathfrak{a}$, $l(\mathfrak{a}) = \sum_{i=1}^{r} l_{\mathfrak{P}_i}(\mathfrak{a}_i)$ die Länge von $\mathfrak{a}$ nennen. l ist die Länge einer $\mathfrak{a}$ mit A verbindenden Kette der Art (*), zu deren Zwischengliedern höchstens die Primideale $\mathfrak{P}_i$ gehören.

4. Jedes Primideal $\mathfrak{P}$ von A gibt vermöge

$$x \in s' \text{ genau dann, wenn } x = \frac{y}{z} \text{ mit } y, z \in A,\ z \notin \mathfrak{P},$$

Anlaß zu einem regulären Stellenring $s' = A_{\mathfrak{P}}$ mit dem maximalen Primideal $\mathfrak{p}' = \mathfrak{P} \cdot s'$ und mit $\mathfrak{P} = \mathfrak{p}' \cap A$ (vgl. etwa [13], Nr. 242 für den Fall eines Polynomrings A, [21], [26] für den Fall eines regulären Stellenrings A). Auf diese Weise können wir die Untersuchung in einem Polynomring auf die Untersuchung in einem regulären Stellenring zurückführen. Bei dieser Zuordnung geht jedes Ideal $\mathfrak{a}$ von A in ein Ideal $\mathfrak{a}' = \mathfrak{a} \cdot s'$ von s' über, ein Primärideal in ein Primärideal, das zugehörige Primideal in das zugehörige Primideal. Jedes $\mathfrak{P}$-primäre Ideal $\mathfrak{a}$ von A erzeugt in s' ein Primärideal $\mathfrak{a}'$ zu $\mathfrak{p}'$ mit $\mathfrak{a} = \mathfrak{a}' \cap A$, und für die Kettenlängen gilt im Falle $\mathfrak{P}$-primärer Ideale $\mathfrak{a}$, $\mathfrak{b}$ mit $\mathfrak{b} \subset \mathfrak{a}$

$$\left(\frac{\mathfrak{b}}{\mathfrak{a}}\right) = \left(\frac{\mathfrak{b}'}{\mathfrak{a}'}\right)$$

(vgl. [22]).

Hat das Ideal $\mathfrak{a}$ die Primärzerlegung $\mathfrak{a} = \mathfrak{a}_1 \cap \cdots \cap \mathfrak{a}_r$, so erhält man die Primärzerlegung von $\mathfrak{a}' = \mathfrak{a} \cdot s'$, indem man die $\mathfrak{a}_i$ durch $\mathfrak{a}_i' = \mathfrak{a}_i \cdot s'$ ersetzt und dabei alle die Ideale $\mathfrak{a}_i$ wegläßt, die nicht in $\mathfrak{P}$ enthalten sind. $\mathfrak{a}' \cap A$ ist dann gleich dem Durchschnitt der nicht weggelassenen $\mathfrak{a}_i$.

5. Gehen wir umgekehrt von einem (regulären) Stellenring s aus, so können wir ihm nach KRULL [14] den Polynomring $R = k[x_1, \ldots, x_n]$ in n Unbestimmten $x_1, \ldots, x_n$ über dem Körper $k = s/\mathfrak{p}$ zuordnen. Nach dem Durchschnittssatz (Nr. 2) existiert dann zu einem von 0 verschiedenen Element a von s ein homogenes Polynom $\varphi(u_1, \ldots, u_n)$ vom Grade ϱ in $u_1, \ldots, u_n$ mit nicht durchweg zu $\mathfrak{p}$ gehörigen Koeffizienten aus s, so daß

$$a \equiv \varphi(u_1, \ldots, u_n) \bmod \mathfrak{p}^{\varrho+1}$$

gilt, und dabei sind wegen der vorausgesetzten Regularität von s die Koeffizienten modulo $\mathfrak{p}$ eindeutig bestimmt. Ersetzt man in φ die u_i durch die Unbestimmten x_i und die Koeffizienten durch ihre Restklassen mod $\mathfrak{p}$, so erhält man die sog. Anfangsform $\bar{\varphi}(x_1, \ldots, x_n) \in R$ von a. Dem Nullelement werde die Anfangsform 0 zugeordnet. Die Menge aller Anfangsformen von Elementen aus $\mathfrak{a}$ erzeugt in R ein homogenes Ideal, das Leitideal $\bar{\mathfrak{a}}$ von $\mathfrak{a}$.

Für das Rechnen mit den Leitidealen gilt [14]:

Ist $\mathfrak{b}$ *Unterideal von* $\mathfrak{a}$ *und* $\bar{\mathfrak{b}} = \bar{\mathfrak{a}}$, *so ist auch* $\mathfrak{b} = \mathfrak{a}$.

Insbesondere ist mit $\bar{\mathfrak{a}}:\bar{\mathfrak{b}} = \bar{\mathfrak{a}}$ auch $\mathfrak{a}:\mathfrak{b} = \mathfrak{a}$, und falls $\mathfrak{a}$ ein zu $x_1 \cdot R + \cdots + x_n \cdot R$ gehöriges Primärideal ist, so ist $\mathfrak{a}$ $\mathfrak{p}$-primär.

Ist $\mathfrak{a}$ *ein Ideal in* s, $\alpha \in s$ *und* $\bar{\alpha}$ *prim zu* $\bar{\mathfrak{a}}$, *so gilt*

$$\overline{\mathfrak{a} + \alpha \cdot s} = \bar{\mathfrak{a}} + \bar{\alpha} \cdot R .$$

6. Ein Primideal $\mathfrak{P}$ hat genau dann die *Höhe* h, wenn es eine h-gliedrige unverkürzbare Kette von Primidealen

$$\mathfrak{P} = \mathfrak{p}_0 \supset \mathfrak{p}_1 \supset \cdots \supset \mathfrak{p}_h ,$$

aber keine längere derartige Kette gibt; es hat die (KRULLsche) *Dimension* d, wenn eine d-gliedrige unverkürzbare Kette von Primidealen

$$\mathfrak{P} = \mathfrak{p}_0 \subset \mathfrak{p}_1 \subset \cdots \subset \mathfrak{p}_d ,$$

aber keine längere Kette dieser Art existiert [22]. In den von uns betrachteten Ringen ist $d + h = n$, und jede nicht weiter verfeinerbare, unverkürzbare Primidealkette, die sich zwischen zwei ineinander enthaltene Primideale einschalten läßt, hat die gleiche Länge. Im Falle eines Polynomrings R ist d auch gleich der Dimension von $R/\mathfrak{P}$ über $(k + \mathfrak{P})/\mathfrak{P}$ [6].

Dem Nullideal schreiben wir insbesondere die Höhe 0 und die Dimension n, dem Einheitsideal die Höhe $n + 1$ und die Dimension -1 zu.

Es sei $\mathfrak{a}$ ein beliebiges Ideal von A und

$$\mathfrak{a} = \mathfrak{q}_1 \cap \mathfrak{q}_2 \cap \cdots \cap \mathfrak{q}_t$$

seine unverkürzbare Darstellung als Durchschnitt von größten Primärkomponenten $\mathfrak{q}_i$ mit den zugehörigen Primidealen $\mathfrak{p}_i$ [27]. Dann sei

$$\text{Höhe}\ \mathfrak{a} = \operatorname*{Min}_i \text{Höhe}\ \mathfrak{p}_i , \qquad \dim \mathfrak{a} = \operatorname*{Max}_i \dim \mathfrak{p}_i ,$$

$$\text{alt}\ \mathfrak{a} = \operatorname*{Max}_i \text{Höhe}\ \mathfrak{p}_i$$

([21], [22]). Für ein Primideal fallen die Begriffe Höhe und alt (als Abkürzung von altitudo) zusammen. Zur Bestimmung der Dimension und der Höhe eines Ideals $\mathfrak{a}$ benötigt man offensichtlich nur die minimalen, zur Ermittlung von alt $\mathfrak{a}$ nur die maximalen Primideale von $\mathfrak{a}$.

Der Einheitlichkeit halber arbeiten wir im Gegensatz zu GRÖBNER [6] immer — auch bei homogenen Idealen — mit diesem Dimensionsbegriff.

Beim Übergang zu den Leitidealen (s. Nr. 5) gilt nach KRULL [14]:

Das Leitideal $\bar{\mathfrak{a}}$ *des Ideals* $\mathfrak{a}$ *in* s *hat dieselbe Dimension und dieselbe Höhe wie* $\mathfrak{a}$. *Wenn* $\bar{\mathfrak{a}}$ *ungemischt ist, so ist es auch* $\mathfrak{a}$.

Dagegen kann alt $\bar{\mathfrak{a}} \neq$ alt $\mathfrak{a}$ sein.

7. Eine Basis $a_1, \ldots, a_\mu$ eines Ideals $\mathfrak{a}$ von A, die nicht durch Weglassen eines ihrer Elemente verkürzt werden kann, heiße *Minimalbasis* von $\mathfrak{a}$. Im Falle eines Stellenringes haben alle Minimalbasen von $\mathfrak{a}$ dieselbe Länge μ (vgl. etwa [4]). Wir schreiben dann statt μ auch $\mu = \underline{\mu}(\mathfrak{a})$. Dasselbe gilt für die homogenen Ideale eines Polynomrings $\bar{R}$. Gehen wir nämlich zu dem nach Nr. 4 durch $\mathfrak{P} = x_1 \cdot R + \cdots + x_n \cdot R$ bestimmten Stellenring $s' = R_{\mathfrak{P}}$ und Ideal $\mathfrak{a}' = \mathfrak{a} \cdot s' = a_1 \cdot s' + \cdots + a_\mu \cdot s'$ über und stellt $a_1, \ldots, a_\mu$ in s' keine Minimalbasis von $\mathfrak{a}'$ dar, so sei etwa a_μ überflüssig, d. h. $a_\mu = \sum_{i=1}^{\mu-1} \alpha_i' \cdot a_i$ mit $\alpha_i' \in s'$. Daraus folgt eine Gleichung der Form

$$\alpha\, a_\mu = \sum_{i=1}^{\mu-1} \alpha_i \cdot a_i \quad \text{mit} \quad \alpha, \alpha_i \in R\,,$$

wobei $\alpha \notin \mathfrak{P}$, d. h. $\alpha = \alpha_0 + \alpha'$ mit $\alpha' \in \mathfrak{P}$ und einer Einheit $\alpha_0 \in k$ ist. Indem man hieraus die Glieder von gleichem Grad wie a_μ herausgreift, erhält man eine Darstellung von a_μ als Linearkombination der übrigen a_i mit Koeffizienten aus R; $a_1, \ldots, a_\mu$ ist also auch in R keine Minimalbasis gewesen.

Wir entnehmen dem Vorstehenden insbesondere, daß für homogene Ideale $\mathfrak{a}$ in R

$$\underline{\mu}(\mathfrak{a}') = \underline{\mu}(\mathfrak{a}) \quad \text{mit} \quad \mathfrak{a}' = \mathfrak{a} \cdot R_{\mathfrak{P}}$$

gilt, während sonst im allgemeinen bei beliebigen Idealen und beim Übergang zu beliebigen Lokalisierungen nur $\underline{\mu}(\mathfrak{a}') \leqq \underline{\mu}(\mathfrak{a})$ behauptet werden kann.

8. Die Höhe h eines Ideals $\mathfrak{a}$ ist (im Falle eines beliebigen noetherschen Ringes) stets höchstens gleich der Minimalbasislänge μ [22]. Besitzt $\mathfrak{a}$ eine Minimalbasis aus genau h Elementen, so heißt $\mathfrak{a}$ *Hauptklassenideal*.

In diesem Zusammenhang ist folgende (gleichfalls für einen beliebigen noetherschen Ring gültige) Aussage für uns wichtig ([22], [21]):

In einem eigentlichen Ideal $\mathfrak{a}$ *der Höhe* $h \geqq 1$ *kann man* h *Elemente* $a_1, \ldots, a_h$ *finden, so daß für* $1 \leqq i \leqq h$ *das Ideal* $\mathfrak{a}_i = a_1 \cdot A + \cdots + a_i \cdot A$ *die Höhe* i *hat.*

Hieraus folgt insbesondere:

Wenn das Primideal $\mathfrak{P}$ *die Höhe* h *hat, so gibt es ein Hauptklassenideal* $\mathfrak{b} \subset \mathfrak{P}$ *der Höhe* h, *das* $\mathfrak{P}$ *als minimales Primideal besitzt.*

2. Reduktion auf Ideale mit nulldimensionaler Komponente

9. Besonders einfache Gesetzmäßigkeiten bestehen für Ideale, die nulldimensional sind oder wenigstens eine nulldimensionale Komponente besitzen. Daher sind für uns Methoden von Nutzen, mittels derer sich die Untersuchung eines beliebigen Ideals bis zu einem gewissen Grade auf den eben genannten Fall zurückführen läßt.

Eine Möglichkeit hierzu besteht darin, statt des Ringes A einen passend gewählten Restklassenring von A zu betrachten. Dieser Weg ist bei perfekten homogenen Idealen eines Polynomrings R gangbar. Wichtiger ist für uns der Übergang zu einem geeigneten Quotientenring von A, der in den folgenden beiden Sätzen behandelt wird.

10. Im Falle eines Polynomringes R gilt:

$d' > 0$ sei das Minimum der Dimensionen der Primärkomponenten des Ideals $\mathfrak{a}$ von R. Dann kann man die Erzeugenden $x_1, \ldots, x_n$ von R über k so wählen, daß der Quotientenring $R' = [(k, x_1, \ldots, x_{d'}), R] = (k, x_1, \ldots, x_{d'})[x_{d'+1}, \ldots, x_n]$ Polynomring in den $n - d'$ Unbestimmten $x_{d'+1}, \ldots, x_n$ über dem Körper $k' = (k, x_1, \ldots, x_{d'})$ wird und für das Erweiterungsideal $\mathfrak{a}' = \mathfrak{a} \cdot R'$ von $\mathfrak{a}$ gilt:

a) $$\mathfrak{a} = \mathfrak{a}' \cap R\,,$$

b) $$\text{Höhe}\ \mathfrak{a}' = \text{Höhe}\ \mathfrak{a}\,,$$

c) *$\mathfrak{a}'$ besitzt eine nulldimensionale Komponente in R'.*

Beweis: Da der Fall $n = 1$ trivial ist, können wir uns auf $n > 1$ beschränken. Es genügt offenbar zu beweisen, daß man Erzeugende $x_1, \ldots, x_n$ des Polynomrings R finden kann, so daß in $R' = k'[x_2, \ldots, x_n]$ mit $k' = (k, x_1)$ für das Erweiterungsideal $\mathfrak{a}' \cdot \mathfrak{a} \cdot R'$ gilt:

a) $\mathfrak{a} = \mathfrak{a}' \cap R$, b) Höhe $\mathfrak{a}'$ = Höhe $\mathfrak{a}$, c) alt $\mathfrak{a}'$ = alt $\mathfrak{a}$

(s. Nr. 6). $\mathfrak{p}_i$ $(i = 1, \ldots, t)$ seien die zu $\mathfrak{a}$ gehörigen Primideale, $\mathfrak{p}_i^{(1)}$ je ein eindimensionales (evtl. mit $\mathfrak{p}_i$ zusammenfallendes) Primoberideal von $\mathfrak{p}_i$.

Wir behaupten, daß wir die Erzeugenden $x_1, \ldots, x_n$ von R so wählen können, daß $x_1 + \mathfrak{p}_i^{(1)}$ algebraisch unabhängig über $(k + \mathfrak{p}_i^{(1)})/\mathfrak{p}_i^{(1)}$ für alle i ist. Anderenfalls könnten wir x_1 so gewählt denken, daß diese Aussage für möglichst viele Indizes i gilt (deren Menge I nach Nr. 6 nicht leer ist), aber für $i = j$ verletzt wird. Nach Nr. 6 ist etwa $x_2 \bmod \mathfrak{p}_j^{(1)}$ algebraisch unabhängig über k. Dann ist $x_1 + x_2^l$ [1]) bei hinreichend großem l für alle $i \in I$ und für $i = j$ algebraisch unabhängig $\bmod\ \mathfrak{p}_i^{(1)}$ über k, was zum Widerspruch führt. Für $i = j$ und für diejenigen $i \in I$,

[1]) Da wir zulassen, daß der Grundkörper k ein Galoisfeld ist, also nur endlich viele Elemente enthält, müssen wir damit rechnen, daß eine lineare homogene Transformation der x_i allein nicht zum Ziele führt.

für die x_2 mod $\mathfrak{p}_i^{(1)}$ algebraisch abhängig ist, ist das nämlich unmittelbar klar; ist dagegen x_2 algebraisch unabhängig, so kann $x_1 + x_2^l$ und $x_1 + x_2^{l'}$ bei $l \neq l'$ nicht gleichzeitig algebraisch abhängig sein, da sonst dasselbe auch für $x_2^l - x_2^{l'}$ und damit für x_2 gelten würde.

Für die Ideale $\mathfrak{p}'_i = \mathfrak{p}_i \cdot R'$ gilt dann $\mathfrak{p}'_i \cap R = \mathfrak{p}_i$, da die Inklusion $\mathfrak{p}'_i \cap R \supset \mathfrak{p}_i$ trivial ist und die Annahme $z \in \mathfrak{p}' \cap R$, d. h. $z = p \cdot \frac{f(x_1)}{g(x_1)} \in R$ mit $p \in \mathfrak{p}_i$, $f(x_1), g(x_1) \in k[x_1]$ auf $z \cdot g(x_1) = p \cdot f(x_1) \in \mathfrak{p}_i$ führt, die bei $z \notin \mathfrak{p}_i$ $g(x_1) \in \mathfrak{p}_i \subset \mathfrak{p}_i^{(1)}$ zur Folge hätte im Widerspruch zur algebraischen Unabhängigkeit von x_1 mod $\mathfrak{p}_i^{(1)}$ bzw. zu $\mathfrak{p}_i^{(1)} \neq R$. Ebenso leicht sieht man, daß aus der reduzierten Primärzerlegung $\mathfrak{a} = \mathfrak{q}_1 \cap \cdots \cap \mathfrak{q}_t$ die reduzierte Primärzerlegung $\mathfrak{a}' = \mathfrak{q}'_1 \cap \cdots \cap \mathfrak{q}'_t$ mit $\mathfrak{q}'_i = \mathfrak{q}_i \cdot R'$ folgt.

Da bei diesem Prozeß die Höhe der zu $\mathfrak{a}$ gehörigen Primideale ungeändert bleibt, gilt auch b) und c).

11. Handelt es sich um ein Ideal $\mathfrak{a}$ in einem Stellenring s, so können wir im allgemeinen keinen Stellenring s' finden, der Quotientenring von s ist und in dem das Erweiterungsideal $\mathfrak{a}'$ von $\mathfrak{a}$ zu den Eigenschaften a), b) und c) von Nr. **10** analogen Bedingungen genügt. Wohl aber läßt sich das Ergebnis übertragen, wenn wir für s' semilokale Ringe, d. h. noethersche Ringe mit nur endlich vielen maximalen Idealen, zulassen. Wir können dann sagen:

Wenn alle Primärkomponenten des Ideals $\mathfrak{a}$ des Stellenrings s eine Dimension > 0 haben, so gibt es einen semilokalen Ring s', der Quotientenring von s ist, so daß für das Erweiterungsideal $\mathfrak{a}' = \mathfrak{a} \cdot s'$ von $\mathfrak{a}$ gilt:

a) $$\mathfrak{a} = \mathfrak{a}' \cap s\,,$$

b) $$\text{Höhe } \mathfrak{a}' = \text{Höhe } \mathfrak{a}\,,$$

c) *$\mathfrak{a}'$ besitzt eine nulldimensionale Komponente in s'.*

Beweis: $\mathfrak{p}_i$ $(i = 1, \ldots, t)$ seien die zu $\mathfrak{a}$ gehörigen Primideale, $d' > 0$ sei das Minimum ihrer Dimensionen. Wir wählen zu jedem $\mathfrak{p}_i$ ein (möglicherweise mit $\mathfrak{p}_i$ zusammenfallendes) d'-dimensionales Primoberideal $\mathfrak{P}_i$ und bilden die multiplikativ abgeschlossene Menge S aller $x \in s$ mit $x \notin \bigcup \mathfrak{P}_i$. Dann erfüllt der semilokale Ring $s' = S^{-1} \cdot s$ mit den maximalen Primidealen $\mathfrak{P}'_i = \mathfrak{P}_i \cdot s'$ alle Bedingungen, wie man leicht bestätigt.

Wenn s regulär war, so ist es auch s', denn alle Lokalisierungen von s' ergeben reguläre Stellenringe (vgl. [21]).

Auf derartige semilokale Ringe lassen sich die folgenden Ausführungen weitgehend verallgemeinern. Wir werden darauf nicht weiter eingehen und erst zum Schluß des letzten Kapitels in Zusammenhang mit dem inversen System nicht nulldimensionaler Ideale und Moduln wieder hierauf zurückkommen.

3. Perfekte Ideale

12. Wir definieren nach dem Vorbild von GRÖBNER ([6], [7]) rekursiv:

Das Ideal $\mathfrak{a}$ *von* A *heiße perfekt, wenn entweder* $\mathfrak{a}$ *nulldimensional ist oder für jedes*[1]) *zu* $\mathfrak{a}$ *prime* $\alpha \in A$ *mit* $dim\,(\mathfrak{a} + \alpha \cdot A) = dim\,\mathfrak{a} - 1$ *das Ideal* $\mathfrak{a} + \alpha \cdot A$ *perfekt ist und wenigstens ein derartiges* $\alpha \in A$ *existiert.*[2])

Insbesondere ist ein Hauptklassenideal stets perfekt (s. Nr. **80**).

Hiernach ist ein inhomogenes Polynomideal $\mathfrak{a}$ genau dann perfekt, wenn das (mit einer neuen Unbestimmten x_0 in $R_0 = [R, x_0]$ gebildete) zugehörige homogene Ideal $\mathfrak{a}_0$ (siehe [6]) perfekt ist. Ist nämlich $\mathfrak{a}_0$ perfekt, so kann $x_0 - 1$ als α gewählt werden, und daher ist auch das Ideal $(\mathfrak{a}_0 + (x_0 - 1) \cdot R_0)/(x_0 - 1) \cdot R_0 = \mathfrak{a}$ perfekt, während die Umkehrung im Hinblick auf die folgende Nummer daraus folgt, daß $\mathfrak{a}$ und $\mathfrak{a}_0$ (und ihre Primärkomponenten) stets die gleiche Höhe haben, also beide gleichzeitig ungemischt oder gemischt sind.

13. Im Hinblick auf die vorstehende Definition beweisen wir:

Wenn das Ideal $\mathfrak{a}$ *von* A *die Dimension* $d > 0$ *hat und keine nulldimensionale Komponente besitzt, so gibt es ein zu* $\mathfrak{a}$ *primes Element* $\alpha \in A$ *mit* $dim\,(\mathfrak{a} + \alpha \cdot A) = d - 1$.

Beweis: $\mathfrak{p}_i$ $(i = 1, \ldots, t)$ seien die zu $\mathfrak{a}$ gehörigen Primideale; davon sei etwa $\mathfrak{p}_1$ d-dimensional. $\mathfrak{p}_1'$ sei ein Primoberideal von $\mathfrak{p}_1$ der Dimension $d - 1$. Wir wählen ein Element $\alpha \in \mathfrak{p}_1'$ mit $\alpha \notin \mathfrak{p}_i$ für $i = 1, \ldots, t$. Das ist möglich, da die Annahme $\bigcup_i \mathfrak{p}_i \supset \mathfrak{p}_1'$ für wenigstens ein i die Inklusion $\mathfrak{p}_i \supset \mathfrak{p}_1'$ nach sich ziehen würde (vgl. etwa [22], S. 13). Dann ist α prim zu $\mathfrak{a}$, und es gilt $\dim\,(\mathfrak{a} + \alpha \cdot A) = d - 1$.

Wäre nämlich $\dim\,(\mathfrak{a} + \alpha \cdot A) \geqq d$, so gäbe es ein d-dimensionales Primideal $\bar{\mathfrak{p}}$ mit $\mathfrak{a} \subset \mathfrak{a} + \alpha \cdot A \subset \bar{\mathfrak{p}}$, $\bar{\mathfrak{p}}$ müßte daher eines der $\mathfrak{p}_i$ enthalten, was wegen $\dim \mathfrak{p}_i \leqq d$ $\bar{\mathfrak{p}} = \mathfrak{p}_i$ im Widerspruch zu $\alpha \notin \mathfrak{p}_i$ nach sich ziehen würde. Andererseits gilt $\mathfrak{a} + \alpha \cdot A \subset \mathfrak{p}_1 + \alpha \cdot A \subset \mathfrak{p}_1'$. $\mathfrak{p}_1'$ muß daher ein zu $\mathfrak{a} + \alpha \cdot A$ gehöriges Primideal enthalten und der Dimensionsbedingung zufolge mit ihm zusammenfallen. Damit ist alles bewiesen.

Ein eindimensionales Ideal ist also genau dann perfekt, wenn es ungemischt ist.

---

[1]) Wir werden später sehen, daß es ausreicht, dieser Bedingung für wenigstens ein α zu genügen (vgl. Nr. **79**).

[2]) Bei homogenen Idealen $\mathfrak{a}$ in einem Polynomring R braucht die Bedingung $\dim\,(\mathfrak{a} + \alpha \cdot R) = \dim \mathfrak{a} - 1$ nicht extra gefordert zu werden, wenn α eine nichtkonstante Form ist (vgl. [6]). Analoges gilt im Falle eines Stellenringes $\mathfrak{s}$ bei $\alpha \in \mathfrak{p}$.

Anmerkung: Wir entnehmen dem Beweis, daß wir den Bedingungen des Satzes gleichzeitig für mehrere Ideale mit demselben Element $\alpha \in A$ genügen und dabei sogar zulassen können, daß die Dimensionen der Ideale verschieden sind. Bezeichnen wir nämlich mit $\mathfrak{p}_{ij}$ die zu dem j-ten Ideal gehörigen Primideale und mit $\mathfrak{p}_{1j}$ jeweils eines maximaler Dimension, so können wir zu jedem $\mathfrak{p}_{1j}$ ein Primoberideal $\mathfrak{p}'_{1j}$ einer um 1 kleineren Dimension als $\mathfrak{p}_{1j}$ wählen, das in keinem der $\mathfrak{p}_{ij}$ enthalten ist. Für die eindimensionalen Ideale $\mathfrak{p}_{1j}$ ist das unmittelbar klar. Alle übrigen Ideale $\mathfrak{p}_{1j}$ besitzen aber ein in keinem der $\mathfrak{p}_{ij}$ enthaltenes Primoberideal $\mathfrak{p}''_{1j}$ (nämlich etwa ein nulldimensionales), so daß zwischen $\mathfrak{p}_{1j}$ und $\mathfrak{p}''_{1j}$ noch wenigstens ein echtes Primzwischenideal liegt, und hieraus folgt nach einem bekannten Satz (s. [22], S. 59) die Existenz eines Primzwischenideals $\mathfrak{p}'_{1j}$ mit der gewünschten Eigenschaft.

Da dann $\prod_j \mathfrak{p}'_{1j} \not\subset \bigcup_{i,j} \mathfrak{p}_{ij}$ sein muß, können wir ein Element $\alpha \in \prod_j \mathfrak{p}'_{1j}$ mit $\alpha \notin \mathfrak{p}_{ij}$ wählen, das allen unseren Bedingungen genügt.

14. Für Ideale in einem regulären Stellenring s beweisen wir noch:

Wenn das Leitideal des Ideals $\mathfrak{a}$ von s perfekt ist, so ist auch $\mathfrak{a}$ perfekt.

Beweis: Wir führen den Beweis durch Induktion nach der Dimension d von $\mathfrak{a}$. Nach Nr. **6** ist auch $d = \dim \bar{\mathfrak{a}}$. Für $d = 0$ ist die Behauptung nach Definition der Perfektheit (Nr. **12**) richtig. Es sei jetzt $d > 0$.

$\bar{\mathfrak{a}}$ sei perfekt. Wir wählen eine zu $\bar{\mathfrak{a}}$ prime nichtkonstante Form $\bar{\alpha} \in R = \bar{s}$, die Anfangsform eines Elementes $\alpha \in s$ sei. Nach Nr. **5** ist dann auch α prim zu $\mathfrak{a}$ und $\overline{\mathfrak{a} + \alpha \cdot s} = \bar{\mathfrak{a}} + \bar{\alpha} \cdot R$ und nach Nr. **6** $\dim (\mathfrak{a} + \alpha \cdot s) = \dim \overline{\mathfrak{a} + \alpha \cdot s} = \dim (\bar{\mathfrak{a}} + \bar{\alpha} \cdot R) = d - 1$. $\bar{\mathfrak{a}} + \bar{\alpha} \cdot R$ ist auf Grund der Perfektheitsdefinition perfekt, nach Induktionsvoraussetzung also auch $\mathfrak{a} + \alpha \cdot s$ und damit (vgl. Fußnote 1 auf S. 13) $\mathfrak{a}$.

Die Umkehrung hiervon gilt im allgemeinen nicht, da z. B. das perfekte Ideal $\mathfrak{a} = (u\,v + w^3) \cdot s + (u\,w + w^3) \cdot s$ das imperfekte — weil gemischte — Leitideal $\bar{\mathfrak{a}} = x\,y \cdot R + x\,z \cdot R + z^3\,(z - y) \cdot R$ besitzt.

Dagegen ist ein Ideal $\mathfrak{a}$ von s, wenn die Dimension von s 1 oder 2 beträgt, gleichzeitig mit seinem Leitideal $\mathfrak{a}$ perfekt oder imperfekt.

II. THEORIE DER VEKTORMODULN

1. Allgemeine Definitionen und Aussagen

15. Wir werden es in der Folge nicht nur mit Idealen, sondern auch allgemeiner mit A-Moduln $\mathfrak{a}$ zu tun haben, deren Elemente k-reihige Vektoren $a = (a_1, a_2, \ldots, a_k)$ mit Elementen $a_j \in A$ und den Verknüpfungsvorschriften

$$(a_1, \ldots, a_k) \pm (b_1, \ldots, b_k) = (a_1 \pm b_1, \ldots, a_k \pm b_k)\,,$$

$$\alpha(a_1, \ldots, a_k) = (a_1, \ldots, a_k) \cdot \alpha = (\alpha\, a_1, \ldots, \alpha\, a_k) \quad \text{für} \quad \alpha \in A$$

sind. Wir wollen derartige A-Moduln nach dem Vorbild von GRÖBNER [6] als *Vektormoduln* bezeichnen, und zwar als k-reihige, wenn uns daran liegt, die Spaltenzahl zu kennzeichnen.[1])

Dem HILBERTschen Basissatz zufolge besitzt jeder derartige A-Modul eine endliche A-Basis.

$A^{(k)}$ bedeute die direkte Summe von k Exemplaren A, d. h. in unserer Ausdrucksweise den von den Vektoren $(1, 0, \ldots, 0)$, $(0, 1, \ldots, 0)$, $\ldots$, $(0, 0, \ldots, 1)$ erzeugten größten k-reihigen Vektormodul $(A, A, \ldots, A)$. k werde im folgenden festgehalten.

16. Unter dem *Rang* $r = r(\mathfrak{a})$ eines k-reihigen A-Vektormoduls $\mathfrak{a}$ werde die Maximalzahl über dem Quotientenkörper (A) von A linear unabhängiger Vektoren aus $\mathfrak{a}$ verstanden; er ist offenbar gleich dem Rang der aus den Vektoren einer Basis von $\mathfrak{a}$ gebildeten Matrix. $k - r$ heiße auch *Rangdefekt* von $\mathfrak{a}$. Uns wird vor allem der Fall $r = k$, d. h. Rangdefekt $= 0$, interessieren.

Der Quotient $\mathfrak{a}:\mathfrak{b}$ ($\mathfrak{a}$, $\mathfrak{b}$ k-reihige Vektormoduln) bezeichne das Ideal aller $\alpha \in A$ mit $\alpha \cdot \mathfrak{b} \subset \mathfrak{a}$, der Quotient $\mathfrak{a}:\mathfrak{b}$ ($\mathfrak{a}$ k-reihiger Vektormodul, $\mathfrak{b}$ Ideal) den k-reihigen A-Vektormodul aller $x \in A^{(k)}$ mit $\mathfrak{b} \cdot x \subset \mathfrak{a}$. Ist schließlich $\mathfrak{a}$ Ideal und $\mathfrak{b}$ k-reihiger Vektormodul, so können wir auch $\mathfrak{a}:\mathfrak{b}$ als den Modul der k-reihigen Spaltenvektoren y mit Komponenten aus A deuten, für die das im Sinne der Matrizenmultiplikation zu verstehende Produkt $b \cdot y$ für alle $b \in \mathfrak{b}$ in $\mathfrak{a}$ liegt.

17. In Verallgemeinerung der für Ideale $\mathfrak{a}$ in einem Stellenring s mit dem maximalen Primideal $\mathfrak{p}$ gültigen Beziehung $\mathfrak{a} = \bigcap_i (\mathfrak{a} + \mathfrak{p}^i) = \mathfrak{a}$ von Nr. 2 gilt für k-reihige s-Vektormoduln $\mathfrak{a}$ die Aussage

$$\bigcap_{i=1,\ldots,\infty} (\mathfrak{a} + \mathfrak{p}^i \cdot s^{(k)}) = \mathfrak{a}\,.$$

Beweis[2]): Wir führen den Beweis durch Induktion nach k; der Induktionsanfang ist mit Nr. 2 gegeben. Es sei $k > 1$. Wir betrachten den

---

[1]) Wir weichen damit von der in [5] gebrauchten Bezeichnungsweise k-dimensionaler A-Modul ab, da wir auch für derartige Moduln in Analogie zu den Idealen einen Dimensionsbegriff einführen werden.

[2]) Der Satz ist im wesentlichen charakteristisch für Zariski-Ringe, zu denen insbesondere die Stellenringe gehören (vgl. [28]). Der hier gegebene Beweis macht aber nicht von der Primärzerlegung beliebiger Moduln (im vorliegenden Falle etwa des Faktormoduls $s^{(k)}/\mathfrak{a}$) Gebrauch, sondern verwendet lediglich den Satz von KRULL für Ideale. Auch später werden wir in den Beweisen nicht über Vektormoduln hinausgehen.

$(k-1)$-reihigen $\mathfrak{s}$-Modul $\mathfrak{a}_1$ aller Vektoren, die durch Weglassen der k-ten Komponente aus Vektoren von $\mathfrak{a}$ hervorgehen. Nach Induktionsvoraussetzung ist

$$\bigcap_i (\mathfrak{a}_1 + \mathfrak{p}^i \cdot s^{(k-1)}) = \mathfrak{a}_1 .$$

Daher kann $\mathfrak{a}' = \bigcap (\mathfrak{a} + \mathfrak{p}^i \cdot s^{(k)})$ nur aus Vektoren der Form $(a_1, a_2, \ldots, a_k')$ mit $a_k' \in s$ bestehen, die sich höchstens in der k-ten Komponente von einem Vektor $(a_1, \ldots, a_k) \in \mathfrak{a}$ unterscheiden. Wir haben daher nur noch zu zeigen, daß mit $(0, \ldots, 0, a) \in \mathfrak{a}'$ $(a = a_k' - a_k)$ auch $(0, \ldots, 0, a) \in \mathfrak{a}$ gilt.

Wäre die Behauptung falsch, so könnten wir dem Satz von KRULL zufolge für alle natürlichen Zahlen i Vektoren $a_i = (a_{1i}, \ldots, a_{k-1,i}, a + a_{ki}) \in \mathfrak{a}$ mit $a_{ji} \in \mathfrak{p}^i$ finden und dabei ohne Beschränkung der Allgemeinheit annehmen, daß von einer gewissen Stelle ab kein a_{1i} gleich Null wählbar ist, da sonst die Behauptung nach Induktionsvoraussetzung richtig wäre. Wir bilden, mit dem Glied $a_{l_1}' = a_{l_1}$ der Folge der a_i beginnend, eine Folge $\{a_{l_i}'\}$, so daß die Komponenten von a_{l_i}' die an a_{l_1} gestellten Forderungen erfüllen und außerdem den folgenden Bedingungen genügen:

a) $\nu_{\mathfrak{p}}(a_{1l_1}') < \nu_{\mathfrak{p}}(a_{1l_2}') < \cdots$,

b$_i$) $a_{1l_i}' \notin a_{1l_1}' \cdot s + \cdots + a_{1l_{i-1}}' \cdot s \qquad (i = 1, \ldots, t)$,

b') $a_{1l_{t+1}}' \in a_{1l_1}' \cdot s + \cdots + a_{1l_t}'$;

c$_i$) es gibt kein $a_{1l_i}'' \in s$ von einem größeren Anfangsgrad $\nu_{\mathfrak{p}}$ als a_{1l_i}', das sich von a_{1l_i}' nur um einen Summanden aus $a_{1l_1}' \cdot s + \cdots + a_{1l_{i-1}}' \cdot s$ unterscheidet $(i = 1, \ldots, t)$.

Daß man die Bedingung a) befriedigen kann, ist evident. Die Erfüllbarkeit der Forderungen c) läßt sich sukzessive zeigen. Gibt es nämlich ein a_{1l_i}'' von größerem Anfangsgrad als a_{1l_i}' mit $a_{1l_i}'' = a_{1l_i}' + \alpha_1 a_{1l_1}' + \cdots + \alpha_{i-1} a_{1l_{i-1}}'$ $(\alpha_j \in s)$, so ist wegen der Bedingungen a) und c$_j$) $(j < i)$ notwendig $\alpha_j \in \mathfrak{p}$, also $\eta = 1 + \alpha_1 + \cdots + \alpha_{i-1}$ eine Einheit und somit

$$b_{l_i}' = \eta^{-1} (a_{l_i}' + \alpha_1 a_{l_1}' + \cdots + \alpha_{i-1} a_{l_{i-1}}')$$

ein Vektor aus $\mathfrak{a}$ mit letzter Komponente $a + b_{kl_i}'$ $(b_{kl_i}' \in \mathfrak{p}^{l_1})$, dessen übrige Komponenten in $\mathfrak{p}^{l_1+1}$ liegen und dessen erste Komponente denselben Anfangsgrad wie a_{1l_i}'' besitzt, so daß wir b_{l_i}' an Stelle von a_{l_i}' wählen können. Wegen b$_i$) kann aber der Anfangsgrad von a_{1l_i}'' nicht beliebig groß werden. — Das Abbrechen der Folge (Bedingung b')) folgt aus dem Teilerkettensatz.

Dann ist

$$a_{1l_{t+1}}' = \alpha_1 a_{1l_1}' + \cdots + \alpha_t a_{1l_t}' \qquad \text{mit} \qquad \alpha_j \in \mathfrak{p} ,$$

$1 - \alpha_1 - \cdots - \alpha_t = \eta$ somit Einheit und daher

$$\eta^{-1} (a'_{l_{t+1}} - \alpha_1 a'_{l_1} - \cdots - \alpha_t a'_{l_t}) = (0, a'_2, \ldots, a'_{k-1}, a + a'_k) \in \mathfrak{a}$$

mit $a'_j \in \mathfrak{p}^{l_1}$. Da wir die Folge mit beliebig großem l_1 beginnen lassen können, erhalten wir damit einen Widerspruch zu unserer Annahme, daß $a_{1\,i}$ von einer gewissen Stelle ab nicht gleich Null wählbar sei. Der Satz ist somit bewiesen.

18. In Analogie zu den homogenen Idealen eines Polynomrings R führen wir nach dem Vorbild von GRÖBNER [6] den Begriff des *homogenen Vektormoduls* $\mathfrak{a}$ ein. Es soll darunter ein Vektormodul von R verstanden werden, der eine aus (homogenen) Vektoren $a = (a_1, \ldots, a_k)$ bestehende Basis besitzt, deren Komponenten a_i Formen aus R vom Grade $\nu_i(a)$ sind, so daß die Differenzen $\nu_{i\,j}(a) = \nu_i(a) - \nu_j(a)$ nur von i und j, nicht aber von a abhängen.[1]) (Bei $a_i = 0$ soll die entsprechende Bedingung stets als erfüllt gelten.) Gleichbedeutend damit ist, daß mit jedem Vektor $b \in \mathfrak{a}$ auch jeder im obigen Sinne homogene Bestandteil von b zu $\mathfrak{a}$ gehört.

19. Wie zu einem Ideal $\mathfrak{a}$ aus dem regulären Stellenring s ein homogenes Ideal $\bar{\mathfrak{a}}$ von $R = k[x_1, \ldots, x_n]$ mit $k = s/\mathfrak{p}$, das Leitideal, gehört, so können wir jedem k-reihigen Vektormodul $\mathfrak{a}$ über s und jedem System ganzer Zahlen $\nu_{i\,j}$ $(i, j = 1, \ldots, k)$ mit $\nu_{i\,j} + \nu_{j\,l} = \nu_{i\,l}$ einen k-reihigen homogenen R-Vektormodul $\bar{\mathfrak{a}}$ zuordnen, den wir den *Leitmodul* von $\mathfrak{a}$ bezüglich des Systems $\{\nu_{i\,j}\}$ nennen wollen. Dazu bestimmen wir zu jedem Element $a = (a_1, \ldots, a_k) \neq 0$ $(0 = \text{Nullvektor})$ von $\mathfrak{a}$ Exponenten ν_i mit $\nu_i - \nu_j = \nu_{i\,j}$, so daß $a \in (\mathfrak{p}^{\nu_1}, \ldots, \mathfrak{p}^{\nu_k})$, $a \notin (\mathfrak{p}^{\nu_1+1}, \ldots, \mathfrak{p}^{\nu_k+1})$ gilt, was nach Nr. **17** stets möglich ist (bei $\nu < 0$ sei $\mathfrak{p}^\nu = s$). Daher existiert zu jedem a_i eine Form $\varphi_i(u_1, \ldots, u_n)$ vom Grad ν_i mit Koeffizienten aus s, so daß

$$a_i \equiv \varphi_i(u_1, \ldots, u_n) \bmod \mathfrak{p}^{\nu_i+1}$$

ist, und dabei sind die Koeffizienten $\bmod\, \mathfrak{p}$ eindeutig bestimmt (bei $\nu_i < 0$ sei $\varphi_i = 0$). $\bar{\varphi}_i(x_1, \ldots, x_n)$ sei die Form aus R, die sich ergibt, wenn man in φ_i die u_j durch die Unbestimmten x_j und ihre Koeffizienten durch ihre Restklassen $\bmod\, \mathfrak{p}$ ersetzt. Dann erhält man in

$$\bar{a} = (\bar{\varphi}_1, \ldots, \bar{\varphi}_k)$$

[1]) Diese Definition läuft in der Sprache der graduierten Moduln einfach darauf hinaus, eine Graduierung zu wählen, die für die einzelnen Spalten möglicherweise eine vom gewöhnlichen Grad abweichende Graduierung induziert (vgl. etwa [28]). Im Hinblick darauf, daß für unsere Zwecke die Matrizenauffassung der Syzygientheorie zweckmäßiger ist, scheint uns jedoch die oben gegebene Definition angemessener.

einen im obigen Sinne homogenen Vektor aus $R^{(k)}$, der Anfangsformenvektor genannt werden möge. $\bar{0}$ sei gleich dem Nullvektor 0 von $R^{(k)}$ gesetzt. Der von den Anfangsformenvektoren von Elementen aus $\mathfrak{a}$ erzeugte homogene R-Modul $\bar{\mathfrak{a}}$ heiße der Leitmodul von $\mathfrak{a}$.

Analog wie die entsprechende Aussage für Ideale (vgl. [14]) beweist man unmittelbar unter Berufung auf Nr. **17** statt auf den Satz von KRULL:

Ist $\mathfrak{b}$ *Untermodul von* $\mathfrak{a}$ *und* $\bar{\mathfrak{b}} = \bar{\mathfrak{a}}$, *so ist auch* $\mathfrak{b} = \mathfrak{a}$.

Ebenso folgt sofort:

Gilt für den k-reihigen Vektormodul $\mathfrak{a}$ *und das Ideal* $\mathfrak{b}$ *die Gleichung* $\bar{\mathfrak{a}}:\bar{\mathfrak{b}} = \bar{\mathfrak{a}}$, *so ist auch* $\mathfrak{a}:\mathfrak{b} = \mathfrak{a}$. *Ist dabei insbesondere* $\mathfrak{b} = \alpha \cdot s$, *so gilt*

$$\overline{\mathfrak{a} + \alpha \cdot s^{(k)}} = \bar{\mathfrak{a}} + \bar{\alpha} \cdot R^{(k)} .$$

20. Im Hinblick auf unsere späteren Anwendungen in der Syzygientheorie wollen wir in Verallgemeinerung von [5] einen k-reihigen A-Vektormodul $\mathfrak{a}$ und einen k'-reihigen Modul $\mathfrak{a}'$ genau dann als *äquivalent* ansehen, in Zeichen:

$$\mathfrak{a} \sim \mathfrak{a}' ,$$

wenn es — als Vektormoduln aufgefaßte — direkte Summen $\mathfrak{b} = \mathfrak{a} \oplus A \oplus \cdots \oplus A$ und $\mathfrak{b}' = \mathfrak{a}' \oplus A \oplus \cdots \oplus A$ sowie Matrizen C und C' mit Elementen aus A gibt, so daß die Abbildung $b \to b \cdot C$ $(b \in \mathfrak{b})$ einen Isomorphismus von $\mathfrak{b}$ auf $\mathfrak{b}'$ und die Abbildung $b' \to b'\, C'$ $(b' \in \mathfrak{b}')$ den hierzu inversen Isomorphismus von $\mathfrak{b}'$ auf $\mathfrak{b}$ bewirkt.[1]) $\mathfrak{b}$ und $\mathfrak{b}'$ sollen also in dieser speziellen Weise isomorph sein.[2])

In Matrizenschreibweise bedeutet das folgendes. Bildet man aus den Vektoren einer Basis von $\mathfrak{a}$ bzw. von $\mathfrak{a}'$ Matrizen β bzw. β', so gilt für die mit Einheitsmatrizen E, E' und Nullmatrizen 0 passender Reihenzahl geänderten Matrizen

$$B = \begin{pmatrix} E & 0 \\ 0 & \beta \end{pmatrix} \quad \text{und} \quad B' = \begin{pmatrix} E' & 0 \\ 0 & \beta' \end{pmatrix} :$$

[1]) Scheinbar weniger einschneidend wäre die Forderung, daß $\mathfrak{b}$ durch Multiplikation seiner Elemente mit C auf $\mathfrak{b}'$, $\mathfrak{b}'$ dagegen durch Multiplikation seiner Elemente mit C' auf $\mathfrak{b}$ abgebildet wird. Da wir aber für unsere Zwecke mit der oben gegebenen Definition auskommen, weisen wir hier nicht die Äquivalenz der beiden Definitionen nach.

[2]) Diese Äquivalenzbedingung ist schärfer als die von SAMUEL-ZARISKI [28], nach der $\mathfrak{a}$ und $\mathfrak{a}'$ genau dann äquivalent sind, wenn es freie Moduln F und F' gibt, so daß $\mathfrak{a} \oplus F$ isomorph zu $\mathfrak{a}' \oplus F'$ ist. Sie ist aber unseren Fragestellungen besser angepaßt, da gegenüber bloßer Isomorphie z. B. Perfektheit, Länge usw. nicht invariant sind.

Es gibt Matrizen C_1, C_1', C_2, C_2' mit Elementen aus A, so daß

$$\left.\begin{aligned} B\,C &= C_1'\,B' , & C_2'\,C_1'\,B' &= B' , \\ B'\,C' &= C_1\,B , & C_2\,C_1\,B &= B \end{aligned}\right\} \qquad (*)$$

und dabei

$$B\,C\,C' = C_1'\,C_1\,B = B \qquad (**)$$

ist.

Liegt sogar der speziellere Sachverhalt vor, daß man die Vektoren von $\mathfrak{a}'$ durch Multiplikation von $\mathfrak{a}$ mit einer festen, in A invertierbaren quadratischen Matrix C erhält, so sollen $\mathfrak{a}$ und $\mathfrak{a}'$ als *äquivalent im engeren Sinne* bezeichnet werden. Dieser Äquivalenzbegriff hat der Arbeit [5] zugrunde gelegen.

Hierfür gilt:

Wenn $r(\mathfrak{a}) = k$ und $r(\mathfrak{a}') = k'$ ist, so sind die Matrizen C und C' in A invertierbar, die Moduln $\mathfrak{b}$ und $\mathfrak{b}'$ sind dann also im engeren Sinne äquivalent.

Beweis: Wir führen den Beweis, ohne von (**) Gebrauch zu machen, d. h. unter Zugrundelegung der in Fußnote 1 angegebenen schwächeren Äquivalenzdefinition. Aus den Voraussetzungen folgt, daß die Matrizen B und B' die gleiche Anzahl m von Spalten besitzen und daß diese jeweils über (A) linear unabhängig sind. Wegen

$$B\,C\,C' = (C_1'\,C_1)\,B\,, \quad (C_2\,C_2'\,C_1'\,C_1)\,B = B$$

ist das von den m-reihigen Unterdeterminanten von $(C_1'\,C_1)\,B$ erzeugte Ideal gleich dem von den m-reihigen Unterdeterminanten von B erzeugten Ideal $\mathfrak{c} \neq (0)$, und es gilt $\det(C\,C') \cdot \mathfrak{c} = \mathfrak{c}$; $\det(C\,C') = \det C \cdot \det C'$ ist also Einheit in A und damit sowohl C als auch C' in A umkehrbar.

Für uns werden vor allem die k-reihigen Moduln $\mathfrak{a}$ von Interesse sein, für die $r(\mathfrak{a}) = k$ ist.

2. Primär- und Primmoduln

21. Wir nennen den k-reihigen A-Vektormodul $\mathfrak{a}$ *primär*, wenn aus $\alpha\,x \in \mathfrak{a}$ mit $x \in A^{(k)}$, $x \notin \mathfrak{a}$, $\alpha \in A$ stets $\alpha^t \cdot A^{(k)} \subset \mathfrak{a}$ für eine gewisse natürliche Zahl t folgt; er heiße *prim*, wenn unter diesen Voraussetzungen sogar $\alpha \cdot A^{(k)} \subset \mathfrak{a}$ gilt. Gleichzeitig mit $\mathfrak{a}$ ist offensichtlich die direkte Summe $\mathfrak{a} \oplus A$ primär bzw. prim oder nicht; ferner sieht man leicht, daß mit $\mathfrak{a}$ auch jeder im Sinne der vorstehenden Nummer zu $\mathfrak{a}$ äquivalente Modul $\mathfrak{a}'$ primär bzw. prim ist, wenn nur $\mathfrak{a}$ und $\mathfrak{a}'$ den Rangdefekt 0 haben.

22. Jedem k-reihigen Vektormodul $\mathfrak{a}$ ordnen wir das Ideal $\Delta(\mathfrak{a})$ („Diagonalideal") aller derjenigen Elemente $\alpha \in A$ zu, für die $\alpha \cdot A^{(k)} \subset \mathfrak{a}$ ist.

Es folgt unmittelbar aus der Definition, daß $\mathfrak{a}$ und $\mathfrak{a} \oplus A$ sowie daß äquivalente Moduln vom Rangdefekt 0 dasselbe Diagonalideal besitzen.

$\Delta(\mathfrak{a})$ enthält offenbar das von den k-reihigen Unterdeterminanten einer aus den Vektoren einer Basis von $\mathfrak{a}$ gebildeten Matrix β erzeugte Ideal $|\beta|$, d. h. das von dieser Matrix im Sinne von MACAULAY dargestellte Ideal ([19], [6], [15]), ist aber im allgemeinen umfassender als dieses. Auf Grund der Rechenregeln für Determinanten ist dieses Ideal von der gewählten Basis unabhängig und kann invariant mit $|\mathfrak{a}|$ bezeichnet werden. Es ist

$$(\Delta(\mathfrak{a}))^k \subset |\mathfrak{a}| \subset \Delta(\mathfrak{a}) .$$

Ein homogener Modul (s. Nr. 18) hat ein homogenes Ideal als Diagonalideal. Hinsichtlich des Übergangs zum Leitmodul (Nr. 19) bzw. Leitideal gilt

$$\overline{\Delta(\mathfrak{a})} \subset \Delta(\bar{\mathfrak{a}}) .$$

Für das Rechnen mit den Diagonalidealen gelten folgende evidente Relationen:

Wenn $\mathfrak{a}_i$, $\mathfrak{a}$, $\mathfrak{b}$ k-reihige Moduln sind und $\mathfrak{c}$ Ideal ist, so gilt

$$\Delta(\bigcap \mathfrak{a}_i) = \bigcap \Delta(\mathfrak{a}_i) ,$$

$$\Delta(\sum \mathfrak{a}_i) \subset \sum \Delta(\mathfrak{a}_i) ,$$

$$\Delta(\mathfrak{a}) \cdot \mathfrak{b} \subset \mathfrak{a} \cap \mathfrak{b} ,$$

$$\mathfrak{a} : \mathfrak{b} \supset \Delta(\mathfrak{a}) ,$$

ferner

$$\mathfrak{a} : \mathfrak{b} \subset \Delta(\mathfrak{a}) : \Delta(\mathfrak{b}) ,$$

denn aus $\alpha \cdot \mathfrak{b} \subset \mathfrak{a}$ $(\alpha \in A)$ folgt $\alpha \cdot \Delta(\mathfrak{b}) \cdot A^{(k)} \subset \mathfrak{a}$ und damit $\alpha \cdot \Delta(\mathfrak{b}) \subset \Delta(\mathfrak{a})$;

$$\Delta(\mathfrak{a} : \mathfrak{c}) \subset \Delta(\mathfrak{a}) : \mathfrak{c} ,$$

da aus $\alpha \in \Delta(\mathfrak{a} : \mathfrak{c})$ die Inklusionen $\alpha \cdot A^{(k)} \subset \mathfrak{a} : \mathfrak{c}$, $\alpha \cdot A^{(k)} \subset \mathfrak{a}$ und damit $\alpha \cdot \mathfrak{c} \subset \Delta(\mathfrak{a})$ folgen.

23. Man erkennt sofort, daß das Diagonalideal eines Primärmoduls ein Primärideal, dasjenige eines Primmoduls ein Primideal ist, während die Umkehrung hiervon nicht richtig ist.

Aus der Definition ergibt sich unmittelbar, daß ein Primärmodul genau dann ein Primmodul ist, wenn er ein Primideal als Diagonalideal besitzt. Insbesondere ist also ein Primärmodul $\mathfrak{a}$ mit $r(\mathfrak{a}) < k$ notwendig prim.

24. *Ein Modul $\mathfrak{a}$ mit primärem Diagonalideal, der in dem Sinne maximal ist, daß zu jedem umfassenderen Modul auch ein größeres Diagonalideal gehört, ist stets primär.*

Aus $\alpha \cdot x \in \mathfrak{a}$ $(\alpha \in A,\ x \in A^{(k)})$ mit $x \notin \mathfrak{a}$, $\alpha^t \notin \Delta(\mathfrak{a})$ für alle t würde nämlich die Existenz eines umfassenderen Moduls $\mathfrak{a} + x \cdot A$ mit dem Diagonalideal

$$\Delta(\mathfrak{a} + x \cdot A) \subset \Delta\big(\mathfrak{a} : (\alpha \cdot A)\big) \subset \Delta(\mathfrak{a}) : (\alpha \cdot A) = \Delta(\mathfrak{a})$$

folgen.

Da jeder Modul in einem maximalen Obermodul mit gleichem Diagonalideal enthalten ist, gibt es also zu jedem Modul mit primärem Diagonalideal einen Primärobermodul mit gleichem Diagonalideal.

25. Es gehört nicht etwa zu jedem Oberideal $\mathfrak{a}'$ des Diagonalideals $\Delta(\mathfrak{b})$ eines Moduls $\mathfrak{b}$ ein Obermodul $\mathfrak{a}$ mit $\Delta(\mathfrak{a}) = \mathfrak{a}'$, wie aus dem Beispiel $\mathfrak{b} = (u, 0) \cdot A + (v, u) \cdot A + (0, v) \cdot A$ mit $\Delta(\mathfrak{b}) = u^2 \cdot A + u\,v \cdot A + v^2 \cdot A$, $\mathfrak{a}' = u^2 \cdot A + v \cdot A$ hervorgeht ($\mathfrak{a}$ ist sogar Primärmodul!). Dagegen gilt:

Ist $\mathfrak{Q} = \Delta(\mathfrak{b})$ *Primärideal, so gibt es einen Obermodul* $\mathfrak{a}$ *von* $\mathfrak{b}$, *so daß* $\Delta(\mathfrak{a})$ *das zu* $\mathfrak{Q}$ *gehörige Primideal* $\mathfrak{P}$ *wird.*

Beweis: Jeder Modul der gewünschten Art muß den Modul $\mathfrak{a} = \mathfrak{b} + \mathfrak{P} \cdot A^{(k)}$ enthalten. Wir haben also nur zu zeigen, daß $\Delta(\mathfrak{a})$ kein nicht zu $\mathfrak{P}$ gehöriges Element α von A enthält. Andernfalls gäbe es eine k-reihige quadratische Matrix P mit Elementen aus $\mathfrak{P}$, so daß sämtliche Zeilenvektoren der Matrix

$$\alpha \cdot E - P \qquad (E\ k\text{-reihige Einheitsmatrix})$$

zu $\mathfrak{b}$ gehören. Durch Multiplikation mit $\alpha \cdot E + P$ folgt dann die entsprechende Aussage für $\alpha^2 \cdot E - P^2$ und durch Iteration des Verfahrens allgemein für die Matrizen $\alpha^{2^i} \cdot E - P^{2^i}$. Da aber die Elemente von P^{2^i} in $\mathfrak{P}^{2^i}$ liegen, für hinreichend großes i also zu $\mathfrak{Q} = \Delta(\mathfrak{b})$ und damit die Zeilen von P^{2^i} zu $\mathfrak{b}$ gehören, gilt schließlich $\alpha^{2^i} \in \mathfrak{Q}$ und daher $\alpha \in \mathfrak{P}$ im Widerspruch zur Annahme.

26. Der in der vorigen Nummer zu einem Primärmodul $\mathfrak{b}$ konstruierte Modul $\mathfrak{a}$, für den $\Delta(\mathfrak{a})$ das zu $\Delta(\mathfrak{b})$ gehörige Primideal darstellt, braucht keineswegs Primmodul, ja nicht einmal Primärmodul zu sein, wie das Beispiel

$$\mathfrak{b} = (u_1 u_2 + u_4\,,\ u_1 u_3 + u_2) \cdot s + u_4^2 \cdot s^{(2)} + u_5^2 \cdot s^{(2)}$$

mit

$$\Delta(\mathfrak{b}) = u_4^2 \cdot s + u_5^2 \cdot s\,,\ \Delta(\mathfrak{a}) = u_4 \cdot s + u_5 \cdot s\,,\ u_1 \cdot (u_2, u_3) \in \mathfrak{a}$$

zeigt. Wir bilden daher die Menge aller Vektoren $x \in A^{(k)}$, zu denen ein $\alpha \in A$ mit $\alpha \notin \Delta(\mathfrak{a})$ und $\alpha \cdot x \in \mathfrak{a}$ existiert. Diese Menge stellt einen (wegen $1 \notin \Delta(\mathfrak{a})$ $\mathfrak{a}$ enthaltenden) A-Modul dar, da aus $\alpha, \alpha' \in A, \alpha, \alpha' \notin \Delta(\mathfrak{a})$, $\alpha \cdot x \in \mathfrak{a}, \alpha' \cdot x' \in \mathfrak{a}$ $(x, x' \in A^{(k)})$ und $\gamma \in A$ auch $\alpha \cdot \gamma\, x \in \mathfrak{a}$ und $\alpha\,\alpha'\,(x - x') \in \mathfrak{a}$ mit $\alpha\,\alpha' \notin \Delta(\mathfrak{a})$ folgt. Aus der Definition ergibt sich unmittelbar, daß dieser Modul Primmodul ist und daß sein Diagonalideal mit $\Delta(\mathfrak{a})$ zusammenfällt. Wir wollen ihn den dem Primärmodul $\mathfrak{b}$ *zugeordneten Primmodul* nennen; er ist eindeutig bestimmt. (Die Existenz dieses Moduls folgt auch sofort aus Nr. **23** und **24**.)

Äquivalenten k-reihigen Primämoduln entsprechen (vermöge derselben Transformation) äquivalente Primmoduln.

Nach Definition ist der einem Primärmodul $\mathfrak{b}$ zugeordnete Primmodul $\mathfrak{a}$ der kleinste Primmodul, der den gegebenen Primärmodul enthält. $\mathfrak{b}$ hat mod $\Delta(\mathfrak{a})$ denselben Rang wie $\mathfrak{a}$. Ist $\mathfrak{b}$ homogen, so ist es auch $\mathfrak{a}$.

3. Primärzerlegung und Dimensionstheorie von Vektormoduln

27. Wir geben in diesem Abschnitt die wichtigsten Resultate hinsichtlich der Primärzerlegung von Vektormoduln an. Da diese inzwischen bereits in der Lehrbuchliteratur behandelt werden (man vgl. etwa D. G. NORTHCOTT, Lessons on Rings, Modules and Multiplicities, Cambridge 1968), unterdrücken wir die Beweise und nennen nur die Sätze.

Der A-Modul $\mathfrak{a}$ heiße *irreduzibel*, wenn er nicht Durchschnitt zweier echter Obermoduln ist. Diese Eigenschaft kommt mit $\mathfrak{a}$ offenbar auch jedem zu $\mathfrak{a}$ äquivalenten Modul zu.

Da für die betrachteten A-Moduln der Teilerkettensatz gilt, folgt wie für Ideale:

Jeder A-Vektormodul ist Durchschnitt endlich vieler irreduzibler Moduln.

28. Analog wie bei Idealen gilt auch hier:

Jeder irreduzible A-Modul ist primär.

Daher läßt sich jeder A-Vektormodul als Durchschnitt endlich vieler Primärmoduln darstellen.

Dabei entspricht jeder Primärzerlegung von $\mathfrak{a}$ eine — möglicherweise kürzbare — Primärzerlegung von $\Delta(\mathfrak{a})$, aber nicht umgekehrt.

29. Trivialerweise gilt:

Der Durchschnitt zweier Primärmoduln $\mathfrak{a}_1$, $\mathfrak{a}_2$, deren Diagonalideale zum gleichen Primideal $\mathfrak{P}$ gehören, ist wieder Primärmodul zu demselben Primideal $\mathfrak{P}$. Dagegen ist der Durchschnitt zweier Primärmoduln, deren Diagonalideale zu verschiedenen Primidealen gehören, nicht primär.

Nach Nr. **23** ist also insbesondere der Durchschnitt zweier Primmoduln mit gleichem Diagonalideal wieder Primmodul mit demselben Diagonalideal.

Darüber hinaus gilt im Anschluß an Nr. **26**:

Der Durchschnitt $\mathfrak{b}$ zweier Primärmoduln $\mathfrak{b}_1$, $\mathfrak{b}_2$, zu denen derselbe Primmodul $\mathfrak{a}$ gehört, ist wiederum ein Primärmodul zu $\mathfrak{a}$.

Dem vorstehenden Satz zufolge ist nämlich $\mathfrak{b}$ wieder Primärmodul zu demselben Primideal $\Delta(\mathfrak{a})$, und aus $\alpha_i \in A$, $\alpha_i \notin \Delta(\mathfrak{a})$, $\alpha_i \cdot x \in \mathfrak{b}_i$ ($x \in A^{(k)}$, $i = 1, 2$) folgt $\alpha_1 \alpha_2 \cdot x \in \mathfrak{b}_1 \cap \mathfrak{b}_2$ mit $\alpha_1 \alpha_2 \notin \Delta(\mathfrak{a})$, zu $\mathfrak{b}_1 \cap \mathfrak{b}_2$ gehört also nach Nr. **26** gleichfalls der Primmodul $\mathfrak{a}$.

30. Indem wir in einer Primärzerlegung eines Moduls sukzessive alle überflüssigen Moduln streichen, gelangen wir zu einer unverkürzbaren Durchschnittsdarstellung. Diese ist natürlich wie im idealtheoretischen Fall nicht eindeutig bestimmt. Wir fassen daher jeweils alle diejenigen Primärmoduln zu einem größten Primärmodul zusammen, die zu ein und demselben Primideal gehören (vgl. Nr. 29) [1]), und erhalten wie für Ideale den Zerlegungssatz:

Jeder A-Vektormodul gestattet eine unverkürzbare Darstellung als Durchschnitt endlich vieler größter Primärkomponenten („reduzierte Durchschnittsdarstellung“). Diese gehören zu lauter verschiedenen Primidealen.

31. Bevor wir zu den Eindeutigkeitssätzen übergehen, bemerken wir:

Es sei $\mathfrak{a} = \mathfrak{a}_1 \cap \cdots \cap \mathfrak{a}_t$ eine unverkürzbare Zerlegung des Moduls $\mathfrak{a}$ in Primärmoduln $\mathfrak{a}_i$, $\mathfrak{p}_i$ das zu $\Delta(\mathfrak{a}_i)$ gehörige Primideal, $\mathfrak{b}$ ein Ideal. Dann gilt $\mathfrak{a}:\mathfrak{b} = \mathfrak{a}$ genau dann, wenn $\mathfrak{b}$ in keinem $\mathfrak{p}_i$ enthalten ist.

Beweis: I — Es ist $\mathfrak{a}:\mathfrak{b} = (\mathfrak{a}_1:\mathfrak{b}) \cap \cdots \cap (\mathfrak{a}_t:\mathfrak{b})$. Aus $\mathfrak{a}:\mathfrak{b} \neq \mathfrak{a}$ folgt daher, daß für ein i ein $x \in A^{(k)}$ mit $x \notin \mathfrak{a}_i$, $\mathfrak{b} \cdot x \subset \mathfrak{a}_i$ existiert, was auf Grund der Primärmoduldefinition $\mathfrak{b} \subset \mathfrak{p}_i$ nach sich zieht. (Die Unverkürzbarkeit wird hierbei nicht benötigt.)

II — Es gelte etwa $\mathfrak{b} \subset \mathfrak{p}_1$, also $\mathfrak{b}^\varrho \subset \mathfrak{b}_1^\varrho \subset \Delta(\mathfrak{a}_1)$ für ein gewisses ϱ. Daraus folgt (vgl. Nr. 22)

$$\mathfrak{b}^\varrho\,[\mathfrak{a}_2 \cap \cdots \cap \mathfrak{a}_t] \subset \Delta(\mathfrak{a}_1) \cdot [\mathfrak{a}_2 \cap \cdots \cap \mathfrak{a}_t] \subset \mathfrak{a}_1 \cap \mathfrak{a}_2 \cap \cdots \cap \mathfrak{a}_t = \mathfrak{a}$$

und somit

$$\mathfrak{b}^{\varrho-1}\,[\mathfrak{a}_2 \cap \cdots \cap \mathfrak{a}_t] \subset \mathfrak{a}:\mathfrak{b}\,.$$

Würde also $\mathfrak{a}:\mathfrak{b} = \mathfrak{a}$ gelten, so erhielte man durch Wiederholung dieses Schlusses schließlich $\mathfrak{a}_2 \cap \cdots \cap \mathfrak{a}_t \subset \mathfrak{a}$ und somit $\mathfrak{a} = \mathfrak{a}_2 \cap \cdots \cap \mathfrak{a}_t$ im Widerspruch zur Voraussetzung der Unverkürzbarkeit.

Wir nennen das Ideal $\mathfrak{b}$ *prim* zu $\mathfrak{a}$, wenn $\mathfrak{a}:\mathfrak{b} = \mathfrak{a}$ ist, und das Element $\alpha \in A$ prim zu $\mathfrak{a}$, wenn das Ideal $\alpha \cdot A$ prim zu $\mathfrak{a}$ ist.

32. Damit kann man nach dem Vorbild der Idealtheorie zeigen:

---

[1]) Würden wir nur diejenigen Primärmoduln zusammenfassen, zu denen derselbe Primmodul gehört, so könnten wir im allgemeinen keinen zu Nr. **32** analogen Eindeutigkeitssatz aufstellen, da bereits die Zerlegung eines reduziblen Primmoduls, etwa des Nullmoduls, in Primmoduln (s. Nr. **39**) nicht eindeutig ist.

In der Darstellung des Moduls $\mathfrak{a}$ als Durchschnitt größter Primärmodulkomponenten sind deren Anzahl und die zugehörigen Primideale eindeutig bestimmt.

Zu $\mathfrak{a}$ und $\mathfrak{a} \oplus A$ gehören offensichtlich dieselben Primideale. Zu äquivalenten Moduln gehören (vermöge derselben Transformation) äquivalente Primärmoduln sowie dieselben Primideale.

Wir bemerken noch, daß die zu einem homogenen Modul (vgl. Nr. **18**) gehörigen Primideale notwendig homogen sind.

33. Aus dem Beweis des vorstehenden Satzes ergibt sich unmittelbar, daß die zu minimalen (d. h. nichteingebetteten) Primidealen gehörigen Primärmodulkomponenten eindeutig bestimmt sind.

Wie bei Idealen kann man einen *Komponentenmodul* eines Moduls als Durchschnitt von Primärmoduln definieren, die in einer unverkürzbaren Darstellung des Moduls als Durchschnitt größter Primärmoduln auftreten. Wenn $\mathfrak{a} = \mathfrak{a}_1 \cap \mathfrak{a}_2$ in dieser Weise Durchschnitt von Komponentenmoduln ist, so heiße $\mathfrak{a}_1$ isoliert, wenn kein zu $\mathfrak{a}_1$ gehöriges Primideal ein zu $\mathfrak{a}_2$ gehöriges Primideal teilt. Dann gilt wie bei Idealen:

Jeder isolierte Komponentenmodul von $\mathfrak{a}$ ist durch die zugehörigen Primideale eindeutig bestimmt.

34. Wir schreiben einem Prim- oder Primärmodul als Dimension und Höhe die Dimension bzw. Höhe des zugehörigen Primideals zu. Wenn $\mathfrak{p}_i$ $(i = 1, \ldots, t)$ die zu dem Modul $\mathfrak{a}$ gehörigen Primideale sind, definieren wir wie bei den Idealen

$$\dim \mathfrak{a} = \operatorname*{Max}_i \dim \mathfrak{p}_i ,$$

$$\text{Höhe}\, \mathfrak{a} = \operatorname*{Min}_i \text{Höhe}\, \mathfrak{p}_i ,$$

$$\text{alt}\, \mathfrak{a} = \operatorname*{Max}_i \text{Höhe}\, \mathfrak{p}_i .$$

Da einer Primärzerlegung von $\mathfrak{a}$ eine — im allgemeinen kürzbare — Primärzerlegung von $\Delta(\mathfrak{a})$ entspricht, ist

$$\dim \mathfrak{a} = \dim \Delta(\mathfrak{a}) , \qquad \text{Höhe}\, \mathfrak{a} = \text{Höhe}\, \Delta(\mathfrak{a}) .$$

Dagegen gilt im allgemeinen nur alt $\mathfrak{a} \geqq$ alt $\Delta(\mathfrak{a})$.

$\mathfrak{a}$ heiße *ungemischt*, wenn alle $\mathfrak{p}_i$ dieselbe Dimension aufweisen, anderenfalls gemischt.

Ein irreduzibler k-reihiger A-Modul $\mathfrak{a}$ ist nach Nr. **28** stets primär, also ungemischt, ist sein Rang $<k$, so ist er nach Nr. **23** sogar prim. Dagegen läßt sich ein k-reihiger Modul $\mathfrak{a}$ vom Rang $<k$, der nicht Primärmodul ist, nach Nr. **28** stets als Durchschnitt $\mathfrak{a} = \mathfrak{a}_1 \cap \mathfrak{a}_2$ echter Obermoduln $\mathfrak{a}_i$ mit $\Delta(\mathfrak{a}_1) = (0)$, $\Delta(\mathfrak{a}_2) \neq (0)$ darstellen, ist also stets gemischt. —

Die Überlegungen von Kap. I, § 2, die darauf abzielten, ohne Beschränkung der Allgemeinheit voraussetzen zu können, daß die zu untersuchenden Ideale eine nulldimensionale Komponente besitzen, lassen sich unmittelbar auch auf Moduln übertragen.

35. Als Gegenstück zu Nr. **31** zeigen wir noch:

$\mathfrak{a}$ sei Primärmodul zum Primideal $\mathfrak{P}$ und der Vektor x aus $A^{(k)}$ in keinem zu $\mathfrak{P}$ gehörigen Primobermodul von $\mathfrak{a}$ enthalten. Dann ist $\mathfrak{a}:(x \cdot A) = \varDelta(\mathfrak{a})$.

Beweis: $\mathfrak{P}$ habe die Höhe h. Da $\mathfrak{b} = \mathfrak{a} + x \cdot A$ in keinem Primmodul der Höhe h enthalten sein kann, gilt Höhe $\mathfrak{b} >$ Höhe $\mathfrak{a}$, also $\varDelta(\mathfrak{b}) \not\subset \mathfrak{P}$. Daher gibt es ein $\gamma \in A$ mit $\gamma \notin \mathfrak{P}$ und $\gamma \in \varDelta(\mathfrak{b})$, d. h., es existiert ein Spaltenvektor B mit Elementen aus A, so daß die Zeilen von $\gamma \cdot E - B \cdot x$ (E k-reihige Einheitsmatrix) in $\mathfrak{a}$ liegen. Aus $\alpha \cdot x \in \mathfrak{a}$ ergibt sich daher $\alpha \cdot \gamma \in \varDelta(\mathfrak{a})$ und damit $\alpha \in \varDelta(\mathfrak{a})$.

Die Umkehrung hiervon gilt jedoch nicht.

Daraus folgt:

$\mathfrak{a} = \mathfrak{a}_1 \cap \cdots \cap \mathfrak{a}_t$ sei reduzierte Primärzerlegung des Moduls $\mathfrak{a}$ und der Vektor x in keinem zu demselben Primideal wie $\mathfrak{a}_i$ gehörigen Primobermodul von $\mathfrak{a}_i$ enthalten ($i = 1, \ldots, t$). Dann ist

$$\mathfrak{a}:(x \cdot A) = \varDelta(\mathfrak{a}) .$$

Beweis. Es ist

$$\begin{aligned}\mathfrak{a}:(x \cdot A) &= \big(\mathfrak{a}_1:(x \cdot A)\big) \cap \cdots \cap \big(\mathfrak{a}_t:(x \cdot A)\big)\\ &= \varDelta(\mathfrak{a}_1) \cap \cdots \cap \varDelta(\mathfrak{a}_t) = \varDelta(\mathfrak{a}) .\end{aligned}$$

Korollar: Die Voraussetzungen des Satzes sind offensichtlich erfüllt, wenn $\mathfrak{a}$ ungemischt und Höhe $(\mathfrak{a} + x \cdot A) >$ Höhe $\mathfrak{a}$ ist.

4. Anwendungen der Primärzerlegung

36. Gehen wir gemäß Nr. **4** von dem Ring A zu dem durch das Primideal $\mathfrak{P}$ von A bestimmten Stellenring $s' = A_{\mathfrak{P}}$ mit $\mathfrak{p}' = \mathfrak{P} \cdot s'$ über, so entspricht dabei, wie unmittelbar aus den Definitionen folgt, jedem Primärmodul $\mathfrak{a}$ von A mit dem zugehörigen Primideal $\mathfrak{a}$ ein Primärmodul $\mathfrak{a}' = \mathfrak{a} \cdot s'$ über s' mit dem Primideal $\mathfrak{b}' = \mathfrak{b} \cdot s'$ und jedem Primmodul wieder ein Primmodul.

Dabei gilt im Falle eines Primärmoduls $\mathfrak{a}$, dessen zugehöriges Primideal in $\mathfrak{P}$ enthalten ist,

$$\mathfrak{a}' \cap A^{(k)} = \mathfrak{a} .$$

Aus $x = \dfrac{\beta}{\gamma} \cdot a \in A^{(k)}$ mit $a \in \mathfrak{a}$, $\beta, \gamma \in A$, $\gamma \notin \mathfrak{P}$ folgt nämlich $\gamma \cdot x \in \mathfrak{a}$, $\gamma^\varrho \notin \varDelta(\mathfrak{a})$ für alle ϱ und damit $x \in \mathfrak{a}$. Für jeden Primärmodul $\mathfrak{a}$ mit $\varDelta(\mathfrak{a}) \not\subset \mathfrak{P}$ ist dagegen $\mathfrak{a}' = s'$.

Man kann somit wie bei Idealen schließen:

$\mathfrak{a} = \mathfrak{a}_1 \cap \cdots \cap \mathfrak{a}_t$ sei reduzierte Primärzerlegung des Moduls $\mathfrak{a}$ über A. Dann erhält man die Primärzerlegung des Moduls $\mathfrak{a}' = \mathfrak{a} \cdot s'$ über $s' = A_{\mathfrak{P}}$, indem man in der obigen Zerlegung alle $\mathfrak{a}_i$ durch $\mathfrak{a}_i' = \mathfrak{a}_i \cdot s'$ ersetzt, dabei aber alle diejenigen $\mathfrak{a}_i$ wegläßt, deren Primideale nicht in $\mathfrak{P}$ enthalten sind. $\mathfrak{a}' \cap A^{(k)}$ ist dann gleich dem Durchschnitt der nicht weggelassenen $\mathfrak{a}_i$. Liegt keines der zu $\mathfrak{a}$ gehörigen Primideale in $\mathfrak{P}$, so folgt $\mathfrak{a}' = s'^{(k)}$ und damit $\mathfrak{a}' \cap A^{(k)} = A^{(k)}$.

37. Als Anwendung des Vorstehenden beweisen wir:

Es sei $\mathfrak{a}$ ein k-reihiger R-Modul über dem Polynomring B und a ein Vektor aus $R^{(k)}$. Gilt dann für jedes zu $\mathfrak{a}$ gehörige Primideal $\mathfrak{P}$ die Beziehung

$$a \in \bigcap_{\nu=1,\ldots,\infty} (\mathfrak{P}^\nu \cdot A^{(k)} + \mathfrak{a}) , \qquad (*)$$

so ist bereits $a \in \mathfrak{a}$.

Beweis: Es sei $\mathfrak{a} = \mathfrak{a}_1 \cap \cdots \cap \mathfrak{a}_t$ reduzierte Primärzerlegung von $\mathfrak{a}$ mit den zugehörigen Primidealen $\mathfrak{P}_i$. Wir gehen zum Stellenring $s_i = R_{\mathfrak{P}_i}$ mit dem maximalen Primideal $\mathfrak{p}_i = \mathfrak{P}_i \cdot s_i$ über und bilden den Modul $\mathfrak{a}_i' = \mathfrak{a}_i \cdot s_i$. Dann folgt aus (*)

$$a \in \bigcap_{\nu=1,\ldots,\infty} (\mathfrak{p}_i^\nu \cdot s^{(k)} + \mathfrak{a}_i')$$

und somit nach Nr. **17** bereits $a \in \mathfrak{a}_i'$, also nach Nr. **36**

$$a \in \bigcap_{i=1,\ldots,t} (\mathfrak{a}_i' \cap R^{(k)}) = \mathfrak{a}_1 \cap \cdots \cap \mathfrak{a}_t = \mathfrak{a} .$$

Anmerkung: Es reicht offenbar zur Gültigkeit des Satzes aus, die Beziehung (*) für je ein Primoberideal $\mathfrak{P}$ der zu $\mathfrak{a}$ gehörigen Primideale zu erfüllen.

Für Stellenringe ist der Satz uninteressant, da er dann nur eine Abschwächung von Nr. **27** darstellt.

38. Sind $\mathfrak{a}$ und $\mathfrak{b}$ zwei zum selben Primideal $\mathfrak{P}$ gehörige Primärmoduln mit $\mathfrak{b} \subset \mathfrak{a}$, so erklären wir das Symbol $\left(\frac{\mathfrak{b}}{\mathfrak{a}}\right)_{\mathfrak{P}}$ oder kurz $\left(\frac{\mathfrak{b}}{\mathfrak{a}}\right)$ in Analogie zu Nr. **3** als Länge m einer nicht weiter verfeinerbaren Kette

$$\mathfrak{b} = \mathfrak{b}_0 \subset \mathfrak{b}_1 \subset \cdots \subset \mathfrak{b}_m = \mathfrak{a} \qquad (*)$$

paarweise verschiedener Primärmoduln $\mathfrak{b}_j$ zu $\mathfrak{P}$. Hierfür gelten die in Nr. **3** festgestellten Eigenschaften. Insbesondere ist $\left(\frac{\mathfrak{b}}{\mathfrak{a}}\right) = \left(\frac{\mathfrak{b}'}{\mathfrak{a}'}\right)$, wo

$\mathfrak{b}'$ und $\mathfrak{a}'$ die von $\mathfrak{b}$ bzw. $\mathfrak{a}$ in $s' = A_{\mathfrak{P}}$ bestimmten Moduln sind; für die Zwischenmoduln zwischen $\mathfrak{b}'$ und $\mathfrak{a}'$ braucht dann nicht extra gefordert zu werden, daß sie primär sind.

Unter der *$\mathfrak{P}$-Länge* $l_{\mathfrak{P}}(\mathfrak{b})$ oder kurz *Länge* $l(\mathfrak{b})$ von $\mathfrak{b}$ werde die Modulkettenlänge $\left(\frac{\mathfrak{b}'}{A_{\mathfrak{P}}^{(k)}}\right)$ verstanden, unter der $\mathfrak{P}$-Länge eines beliebigen Moduls $\mathfrak{a}$ die Länge von $\mathfrak{a} \cdot A_{\mathfrak{P}}$ in $A_{\mathfrak{P}}^{(k)}$. Für zwei Moduln $\mathfrak{a}, \mathfrak{b}$ mit $\mathfrak{b} \subset \mathfrak{a}$ sei $\left(\frac{\mathfrak{b}}{\mathfrak{a}}\right)_{\mathfrak{P}} = \left(\frac{\mathfrak{b} \cdot A_{\mathfrak{P}}}{\mathfrak{a} \cdot A_{\mathfrak{P}}}\right)$ gesetzt. Haben $\mathfrak{a}$ und $\mathfrak{b}$ insbesondere nur isolierte Primideale[1]) und sind die zu $\mathfrak{a}$ gehörigen Primideale auch Primideale von $\mathfrak{b}$, so erklären wir $\left(\frac{\mathfrak{b}}{\mathfrak{a}}\right)$ wie für Ideale (s. Nr. **3**) (wenn $\mathfrak{P}_i$ zu $\mathfrak{a}$ prim ist, sei $\mathfrak{a}_i = A^{(k)}$ gesetzt). $\left(\frac{\mathfrak{b}}{\mathfrak{a}}\right)$ ist auch gleich der Länge m einer nicht weiter verfeinerbaren Kette (*) aus paarweise verschiedenen Moduln $\mathfrak{b}_j$, deren Primideale auch zu $\mathfrak{b}$ gehören.

Als Länge $l(\mathfrak{b})$ von $\mathfrak{b}$ sei (unter den oben über $\mathfrak{b}$ gemachten Voraussetzungen) die Summe über alle $\mathfrak{P}_i$-Längen von $\mathfrak{b}$ definiert, wo $\mathfrak{P}_i$ die zu $\mathfrak{b}$ gehörigen Primideale durchläuft.

Die Eindeutigkeit dieser Definitionen ist eine Folge der Eindeutigkeitssätze der Primärzerlegung sowie von Nr. **36**.

5. Primmodulketten

39. Im Gegensatz zu den Primidealen kann ein Primmodul durchaus reduzibel sein. Es ist sogar der Fall möglich, daß ein Primärmodul irreduzibel, der zugehörige Primmodul dagegen reduzibel ist, wie etwa das Beispiel des Primärmoduls

$$\mathfrak{b} = (u, 0) \cdot s + (v, u) \cdot s + (0, v) \cdot s$$

mit dem zugehörigen Primmodul

$$\begin{aligned}\mathfrak{a} &= u \cdot s^{(2)} + v \cdot s^{(2)} \\ &= [(1, 0) \cdot s + (0, u) \cdot s + (0, v) \cdot s] \cap [(u, 0) \cdot s + (v, 0) \cdot s + (0, 1) \cdot s]\end{aligned}$$

zeigt. Genauere Auskunft hierüber gibt folgender Satz:

Ein k-reihiger Primmodul $\mathfrak{a}$ ist genau dann irreduzibel, wenn er, mod $\Delta(\mathfrak{a})$ *betrachtet, den Rang $k - 1$ hat.*

Beweis: I — Der Rang mod $\Delta(\mathfrak{a})$ von $\mathfrak{a}$ sei $k - 1$. Da jeder mod $\Delta(\mathfrak{a})$ von $\mathfrak{a}$ linear abhängige Vektor aus $A^{(k)}$ wegen der Primmoduleigenschaft bereits in $\mathfrak{a}$ liegen muß, enthält jeder echte Obermodul $\mathfrak{a}_1$ von $\mathfrak{a}$ k mod $\Delta(\mathfrak{a})$

[1]) Interessant wird für uns in Wahrheit nur der Fall sein, daß $\mathfrak{a}$ und $\mathfrak{b}$ ungemischt sind und die gleiche Dimension aufweisen.

linear unabhängige Vektoren, deren Determinante in $\Delta(\mathfrak{a}_1)$, aber nicht in $\Delta(\mathfrak{a})$ liegt. Jeder echte Obermodul von $\mathfrak{a}$ besitzt also ein echtes Oberideal von $\Delta(\mathfrak{a})$ als Diagonalideal. Daher hätte eine nichttriviale Zerlegung von $\mathfrak{a}$ eine echte Zerlegung seines Diagonalideals zur Folge, was der Irreduzibilität von Primidealen widerspricht.

II — Der Rang mod $\Delta(\mathfrak{a})$ von $\mathfrak{a}$ sei kleiner als $k - 1$. Wir wählen ein mod $\Delta(\mathfrak{a})$ von $\mathfrak{a}$ linear unabhängiges Element $x \in A^{(k)}$ und einen mod $\Delta(\mathfrak{a})$ von $\mathfrak{a} + x \cdot A$ linear unabhängigen Vektor y und bilden die echten Obermoduln $\mathfrak{a}_1 = \mathfrak{a} + x \cdot A$, $\mathfrak{a}_2 = \mathfrak{a} + y \cdot A$. Dann gilt $\mathfrak{a} = \mathfrak{a}_1 \cap \mathfrak{a}_2$. Aus $\alpha \cdot y \in \mathfrak{a} + x \cdot A$ $(\alpha \in A)$ folgt nämlich wegen der linearen Unabhängigkeit $\alpha \in \Delta(\mathfrak{a})$ und damit $\alpha \cdot y \in \mathfrak{a}$.

Korollar: Ein reduzibler Primmodul $\mathfrak{a}$ ist Durchschnitt echter Primobermoduln.

Ergänzen wir nämlich die Moduln $\mathfrak{a}_i$ von II durch die von $\mathfrak{a}_i$ mod $\Delta(\mathfrak{a})$ abhängigen Vektoren, gehen also zu den zugehörigen Primmoduln über (vgl. Nr. **26**), so erhalten wir zwei Moduln, die das Gewünschte leisten.

40. Sind $\mathfrak{a}$ und $\mathfrak{b}$ zwei verschiedene Primmoduln mit gleichem Diagonalideal und mit $\mathfrak{b} \subset \mathfrak{a}$, so ist der Rang mod $\Delta(\mathfrak{a})$ von $\mathfrak{a}$ größer als derjenige von $\mathfrak{b}$.

Anderenfalls gäbe es nämlich in $\mathfrak{a}$ ein mod $\Delta(\mathfrak{a})$ von $\mathfrak{b}$ linear abhängiges Element x mit $x \notin \mathfrak{b}$, es müßte also $\alpha \cdot x \in \mathfrak{b}$ mit $\alpha \notin \Delta(\mathfrak{b})$ gelten, was im Widerspruch zur Primmoduleigenschaft von $\mathfrak{b}$ steht.

41. Damit können wir zeigen:

Jede nicht weiter verfeinerbare und nicht verlängerbare Kette

$$\mathfrak{a}_0 \subset \mathfrak{a}_1 \subset \cdots \subset \mathfrak{a}_t$$

aus paarweise verschiedenen Primmoduln $\mathfrak{a}_i$ mit gleichem Diagonalideal $\mathfrak{d}$ besteht aus genau k Moduln $(t = k - 1)$.

Beweis: I — Der vorstehenden Bemerkung zufolge enthält jede derartige Kette höchstens k Moduln.

II — Zwischen zwei Primmoduln $\mathfrak{c}$, $\mathfrak{a}$ mit gleichem Diagonalideal $\mathfrak{d}$ und mit $\mathfrak{c} \subset \mathfrak{a}$, deren Ränge mod $\mathfrak{d}$ sich um mindestens 2 unterscheiden, läßt sich stets ein echter Primzwischenmodul $\mathfrak{b}$ einschalten. Dazu wählen wir in $\mathfrak{a}$ einen Vektor b, der mod $\mathfrak{d}$ linear unabhängig von $\mathfrak{c}$ ist, und bilden den Modul $\mathfrak{b}$ aller Vektoren aus $\mathfrak{a}$, die von $\mathfrak{c} + b \cdot A$ linear abhängig sind. Dann ist $\mathfrak{b}$ Primmodul, denn aus $\alpha \cdot x \in \mathfrak{b}$ $(\alpha \in A,\ x \in A^{(k)})$, $\alpha \notin \mathfrak{d}$ folgt $\alpha \cdot x \in \mathfrak{a}$ und damit $x \in \mathfrak{a}$, also auch $x \in \mathfrak{b}$, weil x mod $\mathfrak{d}$ linear abhängig von $\mathfrak{c} + b \cdot A$ ist. Da offensichtlich $\mathfrak{b} \neq \mathfrak{a}$ ist, erfüllt $\mathfrak{b}$ alle gestellten Bedingungen.

III — Jede derartige Kette enthält als Anfangsglied den Primmodul $\mathfrak{a}_0 = \mathfrak{d} \cdot A^{(k)}$.

IV — Jeder Primmodul $\mathfrak{b}$, der mod $\Delta(\mathfrak{b}) = \mathfrak{d}$ einen Rang $r < k - 1$ hat, besitzt nach Nr. **39** einen Primobermodul mit demselben Diagonalideal und vom Rang $r + 1$.

Kombination von I—IV ergibt die Behauptung.

42. Die vorstehenden Sätze scheinen es nahezulegen, Höhe und Dimension eines Primmoduls nicht, wie wir es getan haben, durch Höhe bzw. Dimension des zugehörigen Primideals, sondern durch die Länge feiner Primuntermodul- bzw. Primobermodulketten zu definieren. Es zeigt sich jedoch, daß es Primmoduln gibt, die durch feine Primmodulketten verschiedener Länge verbindbar sind, wie aus dem Beispiel

$$(0) \subset (x, y) \cdot R \subset (x, y) \cdot R + (-y, x) \cdot R \subset x \cdot R^{(2)} + y \cdot R^{(2)},$$
$$(0) \subset x \cdot R^{(2)} \subset x \cdot R^{(2)} + y \cdot R^{(2)}$$

hervorgeht, wo R Polynomring in x und y etwa über dem Körper der reellen Zahlen, das Polynom $x^2 + y^2$ also irreduzibel ist.

Vermutlich gilt jedoch die Aussage:

Jede nicht weiter verfeinerbare Kette

$$\mathfrak{b} = \mathfrak{a}_0 \subset \mathfrak{a}_1 \subset \mathfrak{a}_2 \subset \cdots \subset \mathfrak{a}_m = \mathfrak{a}$$

aus paarweise verschiedenen irreduziblen Primmoduln $\mathfrak{a}_i$, *die* $\mathfrak{b}$ *mit* $\mathfrak{a}$ *verbindet, besteht aus der gleichen Anzahl von Elementen, und zwar ist* $m =$ *Höhe* $\mathfrak{a}$ — *Höhe* $\mathfrak{b}$. *Jede derartige Kette läßt sich zu einer* $(n + 1)$*-gliedrigen Kette verlängern, die einen n-dimensionalen Primmodul mit einem nulldimensionalen Primmodul verbindet.*

Da jede Kette der angegebenen Art zu einer Kette paarweise verschiedener Primideale

$$\Delta(\mathfrak{b}) = \Delta(\mathfrak{a}_0) \subset \Delta(\mathfrak{a}_1) \subset \cdots \subset \Delta(\mathfrak{a}_m) = \Delta(\mathfrak{a})$$

Anlaß gibt, ist sicher $m \leq$ Höhe $\mathfrak{a}$ — Höhe $\mathfrak{b}$.

43. Im Hinblick auf die vorstehende Vermutung bemerken wir:

Wenn $\mathfrak{b}$ *ein irreduzibler Primmodul der Höhe* $h < n$ *ist, so gibt es einen irreduziblen Primobermodul* $\mathfrak{a}$ *von* $\mathfrak{b}$ *der Höhe* $h + 1$.

Um einen solchen Modul $\mathfrak{a}$ zu finden, brauchen wir bloß ein Primoberideal $\mathfrak{P}$ von $\Delta(\mathfrak{b})$ der Höhe $h + 1$ zu wählen, den Modul $\mathfrak{b}' = \mathfrak{a} + \mathfrak{P} \cdot A^{(k)}$ zu bilden, für den notwendig $\Delta(\mathfrak{b}') = \mathfrak{P}$ gilt, und ihn in Primärmoduln zu zerlegen. Für einen dieser Primärmoduln $\mathfrak{a}'$ gilt dann $\Delta(\mathfrak{a}') = \mathfrak{P}$, $\mathfrak{a}'$ ist also Primmodul (Nr. **23**) und besitzt nach Nr. **41** einen Primobermodul $\mathfrak{a}$ der gewünschten Art.

44. *Wenn* $\mathfrak{a}$ *ein irreduzibler Primmodul der Höhe* $h > 0$ *ist, so gibt es einen irreduziblen Primuntermodul* $\mathfrak{b}$ *von* $\mathfrak{a}$ *der Höhe* $h - 1$.

Beweis: Wir können ohne Beschränkung der Allgemeinheit voraussetzen, daß ein regulärer Stellenring S zugrunde liegt, dessen maximales Primideal $\mathfrak{P}$ das Diagonalideal von $\mathfrak{a}$ ist. Anderenfalls brauchen wir bloß zu der Lokalisierung $S = A_{\Delta(\mathfrak{a})}$ von A mit $\mathfrak{P} = \Delta(\mathfrak{a}) \cdot S$ überzugehen; ist dann $\mathfrak{b}'$ ein irreduzibler Primuntermodul von $\mathfrak{a}' = \mathfrak{a} \cdot S$ der Höhe $h - 1$, so ist $\mathfrak{b} = \mathfrak{b}' \cap A^{(k)}$ ein solcher von $\mathfrak{a}$. Indem wir nötigenfalls $\mathfrak{a}$ durch einen im engeren Sinne zu $\mathfrak{a}$ äquivalenten Modul (s. Nr. **20**) ersetzen, können wir ohne Beschränkung der Allgemeinheit annehmen, daß $\mathfrak{a} = (S, \ldots, S, \mathfrak{P})$ ist. Wir brauchen dann nur ein Primunterideal $\mathfrak{p}$ von $\mathfrak{P}$ der Höhe $h - 1$ zu wählen und $\mathfrak{b} = (S, S, \ldots, S, \mathfrak{p})$ zu setzen.

45. Noch unbeantwortet ist die Frage, ob es möglich ist, zwischen zwei irreduzible Primmoduln $\mathfrak{c}$, $\mathfrak{a}$ mit $\mathfrak{c} \subset \mathfrak{a}$ und Höhe $\mathfrak{a} \geqq$ Höhe $\mathfrak{c} + 2$ einen irreduziblen Primmodul $\mathfrak{b}$ einzuschalten. Durch Lokalisierung und Übergang zum Restklassenring mod $\Delta(\mathfrak{c})$ können wir dann ohne Beschränkung der Allgemeinheit voraussetzen, daß $\mathfrak{a} = (S, \ldots, S, \mathfrak{P})$ und $\Delta(\mathfrak{c}) = (0)$ ist. Das Problem läßt sich im wesentlichen auf die Frage zurückführen, ob es in einem nicht notwendig regulären Stellenring S der Dimension $\geqq 2$ mit dem maximalen Primideal $\mathfrak{P}$ ein Primideal $\mathfrak{p}$ der Höhe $\geqq 1$ gibt, das in einer vorgeschriebenen Potenz $\mathfrak{P}^{\nu}$ von $\mathfrak{P}$ enthalten ist.

6. Perfekte Moduln

46. Der Vektormodul $\mathfrak{a}$ heiße *perfekt*, wenn entweder $\mathfrak{a}$ nulldimensional ist oder der Modul $\mathfrak{b} = \mathfrak{a} + \alpha \cdot A^{(k)}$ für jedes zu $\mathfrak{a}$ prime Element $\alpha \in A$ mit $\dim \mathfrak{b} = \dim \mathfrak{a} - 1$ ($\mathfrak{b} \neq A^{(k)}$) perfekt ist und wenigstens ein derartiges α existiert.[1]) Man sieht leicht, daß mit $\mathfrak{a}$ auch $\mathfrak{a} \oplus A$ und jeder zu $\mathfrak{a}$ äquivalente Modul, der gleichzeitig mit $\mathfrak{a}$ den Rangdefekt 0 oder $\neq 0$ hat, perfekt ist.

Weder das Diagonalideal noch das im Sinne von MACAULAY durch $\mathfrak{a}$ dargestellte Ideal $|\mathfrak{a}|$ (s. Nr. **22**) eines perfekten Moduls $\mathfrak{a}$ braucht perfekt zu sein, wie man am Beispiel des perfekten Moduls

$$\mathfrak{a} = (x_1, 0) \cdot A + (x_2, 0) \cdot A + (0, x_3) \cdot A + (0, x_4) \cdot A$$

mit dem imperfekten Diagonalideal

$$\Delta(\mathfrak{a}) = |\mathfrak{a}| = x_1 x_3 \cdot A + x_1 x_4 \cdot A + x_2 x_3 \cdot A + x_2 x_4 \cdot A$$

ersieht. (Perfektheit bzw. Imperfektheit erkennt man am besten aus der syzygientheoretischen Charakterisierung von Kap. IV, § 5; vgl. auch Nr. **79**.)

---

[1]) Wir werden später sehen (vgl. Nr. **79**), daß es ausreicht, diese Bedingung für wenigstens ein $\alpha \in A$ zu erfüllen.

Umgekehrt ist ein Modul mit perfektem Diagonalideal nicht notwendig perfekt.

47. Im Hinblick auf die vorstehende Definition beweisen wir:

Wenn der Modul $\mathfrak{a}$ *die Dimension* $d > 0$ *hat und keine nulldimensionale Komponente besitzt, so gibt es ein zu* $\mathfrak{a}$ *primes Element* $\alpha \in A$ *mit* $\dim(\mathfrak{a} + \alpha \cdot A^{(k)}) = d - 1$

Beweis: $\mathfrak{a} = \mathfrak{a}_1 \cap \cdots \cap \mathfrak{a}_t$ sei reduzierte Primärzerlegung von $\mathfrak{a}$; $\mathfrak{p}_1, \ldots, \mathfrak{p}_t$ seien die zugehörigen Primideale, und es gelte etwa $\dim \mathfrak{a}_1 = \dim \mathfrak{p}_1 = d$. Nach dem Vorbild des Beweises von Nr. **13** gibt es ein zu $\mathfrak{a}$ primes Element $\alpha \in A$, das in einem Primoberideal $\mathfrak{p}_1'$ von $\mathfrak{p}_1$ der Dimension $d - 1$ enthalten ist. Dann ist $\dim \left(\Delta(\mathfrak{a}) + \alpha \cdot A\right) = d - 1$ (Nr. **13**). Da allgemein $\dim \mathfrak{b} = \dim \Delta(\mathfrak{b})$ gilt (Nr. **34**) und außerdem $\Delta(\mathfrak{a} + \alpha \cdot A^{(k)}) \supset \Delta(\mathfrak{a}) + \alpha \cdot A$ ist, kann die Dimension von $\mathfrak{b} = \mathfrak{a} + \alpha \cdot A^{(k)}$ nicht größer als $d - 1$ sein.

$\mathfrak{a}_1'$ sei der zu $\mathfrak{a}_1$ gehörige Primmodul (Nr. **26**) mit dem Diagonalideal $\mathfrak{p}_1$. Wegen $\mathfrak{p}_1 + \alpha \cdot A \subset \mathfrak{p}_1'$ ist dann $\mathfrak{a} + \alpha \cdot A^{(k)} \subset \mathfrak{a}_1' + \alpha \cdot A^{(k)} \subset \mathfrak{a}_1' + \mathfrak{p}_1' \cdot A^{(k)}$. Da $\mathfrak{a}_1' \bmod \mathfrak{p}_1$ einen Rang $< k$ hat, gilt dieselbe Aussage erst recht modulo dem umfassenderen Primideal $\mathfrak{p}_1'$, so daß $\Delta(\mathfrak{a}_1' + \mathfrak{p}_1' \cdot A^{(k)}) = \mathfrak{p}_1'$ und damit $\Delta(\mathfrak{a} + \alpha \cdot A^{(k)}) \subset \Delta(\mathfrak{a}_1' + \mathfrak{p}_1' \cdot A^{(k)}) = \mathfrak{p}_1'$ folgt. Folglich kann $\Delta(\mathfrak{a} + \alpha \cdot A^{(k)})$ und damit auch $\mathfrak{a} + \alpha \cdot A^{(k)}$ keine kleinere Dimension als $\dim \mathfrak{p}_1' = d - 1$ besitzen. Damit ist alles bewiesen.

Die Bemerkung nach dem Beweis von Nr. **13** läßt sich sinngemäß auch auf den vorliegenden Fall übertragen.

Insbesondere folgt:

Ein eindimensionaler Vektormodul ist genau dann perfekt, wenn er ungemischt ist.

48. Triviale Beispiele für perfekte Moduln bilden die Moduln $\mathfrak{a} = \mathfrak{b} \cdot A^{(k)}$ oder allgemeiner solche der Form $\mathfrak{a}' = \mathfrak{a} + (1, 0, \ldots, 0) \cdot A + \cdots + (0, \ldots, 0, 1, \ldots, 0) \cdot A$, worin $\mathfrak{b}$ ein perfektes Ideal von A darstellt. Weniger triviale Beispiele für perfekte Moduln der Höhe h liefern die von den Zeilen der Matrix

$$\begin{pmatrix} b_1 & 0 & 0 \;.\;.\;.\; 0 \\ b_2 & b_1 & 0 \;.\;.\;.\; 0 \\ \cdots & \cdots & \cdots \\ b_h & b_{h-1} & \cdots\cdots \\ \cdots & \cdots & \cdots \\ 0 & 0 & 0 \;.\;.\;.\; b_h \end{pmatrix}$$

erzeugten k-reihigen Vektormoduln $\mathfrak{a}$, wo $b_1, \ldots, b_h$ Erzeugende eines Hauptklassenideals $\mathfrak{b}$ der Höhe h sind. Hierfür ist außerdem $\Delta(\mathfrak{a})$ und $|\mathfrak{a}|$ perfekt, bei $h = 1$ gilt $\Delta(\mathfrak{a}) = \mathfrak{b}$, sonst $\Delta(\mathfrak{a}) = |\mathfrak{a}|$, ferner allgemein $|\mathfrak{a}| = \mathfrak{b}^k$.

Weitere allgemeine Beispiele werden wir später noch kennenlernen (vgl. den Anhang über Hauptklassenmoduln).

49. In Verallgemeinerung des Ergebnisses von Nr. **14** gilt:

Der Modul $\mathfrak{a}$ *des Stellenringes* s *ist perfekt, wenn sein Leitmodul* $\bar{\mathfrak{a}}$ *über dem Polynomring* $R = \bar{s}$ *perfekt ist.*

Wir brauchen bloß den Beweis des Satzes von Nr. **14** sinngemäß zu übertragen. Hierzu haben wir nur noch zu zeigen, daß auch $\dim \bar{\mathfrak{a}} = \dim \mathfrak{a}$ ist. Trivialerweise gilt wegen $\Delta(\bar{\mathfrak{a}}) \subset \overline{\Delta(\mathfrak{a})}$ und Nr. 5

$$\bar{d} = \dim \bar{\mathfrak{a}} = \dim \Delta(\bar{\mathfrak{a}}) \leqq \dim \overline{\Delta(\mathfrak{a})} = \dim \Delta(\mathfrak{a}) = \dim \mathfrak{a} = d\,.$$

Um die umgekehrte Ungleichung $d \leqq \bar{d}$ zu beweisen, seien die Elemente $a_1, \ldots, a_{\bar{d}} \in s$ so gewählt, daß für ihre Anfangsformen $\bar{a}_1, \ldots, \bar{a}_{\bar{d}}$

$$\dim (\bar{\mathfrak{a}} + \bar{a}_1 \cdot R^{(k)} + \cdots + \bar{a}_{\bar{d}} \cdot R^{(k)}) = 0$$

gilt und somit $\Delta\,(\bar{\mathfrak{a}} + \bar{a}_1 \cdot R^{(k)} + \cdots + \bar{a}_{\bar{d}} \cdot R^{(k)})$ Primärideal zu $\bar{\mathfrak{p}}$ ist, also eine Potenz $\bar{\mathfrak{p}}^{\varrho}$ enthält. Daraus folgt nach bekannten Schlüssen $\Delta(\mathfrak{b}) \subset \mathfrak{p}^{\varrho}$ mit $\mathfrak{b} = \mathfrak{a} + a_1 \cdot s^{(k)} + \cdots + a_{\bar{d}} \cdot s^{(k)}$, also die Nulldimensionalität von $\mathfrak{b}$. Da aber bei $a \in \mathfrak{p}$ die Dimension von $\mathfrak{a} + a \cdot s^{(k)}$ höchstens um 1 kleiner als die von $\mathfrak{a}$ sein kann, folgt hieraus $d \leqq \bar{d}$.

Wie bereits in Nr. **14** gilt auch hier erst recht nicht die Umkehrung.

III. DAS INVERSE SYSTEM

1. Allgemeine Definitionen und Folgerungen

50. Wir geben in diesem Kapitel eine unseren Zwecken angepaßte axiomatische Einführung in den bereits von LASKER [17] verwendeten und von MACAULAY [19] explizit definierten Begriff des inversen Systems.

Jedem Ideal $\mathfrak{a}$ in A werde als sog. *inverses System* ein A-Modul $\check{\mathfrak{a}}$ in einem ein für allemal fest vorgegebenen umfassenden A-Modul $\check{A}$ zugeordnet, der aus allen $\check{a} \in \check{A}$ mit $\alpha \cdot \check{a} = 0$ [1]) für alle $\alpha \in \mathfrak{a}$ besteht. Wir fordern, daß diese Zuordnung eineindeutig ist, was damit gleichbedeutend ist, daß $\mathfrak{a}$ genau die Elemente $\alpha \in A$ mit $\alpha \cdot \check{\mathfrak{a}} = (0)$ enthalten soll. Außerdem verlangen wir, daß der Idealquotient $\mathfrak{a}:\mathfrak{b}$ als inverses System $\check{\mathfrak{a}} \cdot \mathfrak{b}$ hat. Dagegen braucht nicht unbedingt jeder A-Modul in $\check{A}$ inverses System zu einem Ideal $\mathfrak{a}$ von A zu sein.[2])

---

[1]) Es kann zu keinen Verwechslungen führen, wenn wir die Nullelemente verschiedener Moduln mit demselben Symbol 0 bezeichnen.

[2]) Man beachte, daß $\check{A}$ nicht das inverse System des trivialen Ideals A, sondern des Nullideals darstellt, daß also hier eine gewisse Inkonsequenz der Bezeichnung vorliegt, die aber in der Natur der Sache liegt. Verwechslungen sind aber hieraus nicht zu befürchten.

Die Menge der $\breve{a} \in A$, zu denen je ein Element $a \neq 0$ aus A mit $a \cdot \breve{a} = 0$ existiert, bildet einen A-Untermodul von $\breve{A}$, denn wenn $\breve{a}_i \in \breve{A}$ und $a_i \cdot \breve{a}_i = 0$ mit $a_i \in A$, $a_i \neq 0$ gilt $(i = 1, 2)$, so ist auch $a_1 a_2 \cdot (\alpha_1 \cdot \breve{a}_1 + \alpha_2 \cdot \breve{a}_2) = 0$ für $\alpha_i \in A$ mit $a_1 a_2 \in A$, $a_1 a_2 \neq 0$. An Stelle von $\breve{A}$ können wir auch diesen Untermodul $\breve{A}'$ zugrunde legen. Es ist dazu nämlich nur zu zeigen, daß $\breve{A}'$ nicht auch das inverse System eines vom Nullideal verschiedenen Ideals $\mathfrak{a}$ sein kann. Dann müßte jedes echte Unterideal $\mathfrak{b}$ von $\mathfrak{a}$ eine echte Obermenge von $\breve{A}'$ und damit $\breve{A}$ als inverses System haben, also wegen $(0)^{\vee} = \breve{A}$ verschwinden. Da die von uns betrachteten Ringe (Polynomringe und reguläre Stellenringe) nullteilerfrei sind, also als $\mathfrak{b}$ z. B. $\mathfrak{a}^2 \neq (0)$ gewählt werden kann, führt das zum Widerspruch.

In einem erweiterten Sinne werden wir auch dann noch vom inversen System sprechen, wenn die obigen Bedingungen nur für Ideale $\mathfrak{a}$ gelten, die einem gewissen Idealverband über A angehören. In diesem Falle sind die im folgenden aufzustellenden Beziehungen stillschweigend nur für solche Ideale zu verstehen, die sämtlich in dem betrachteten Idealverband enthalten sind.

51. Aus der Definition folgen für Ideale $\mathfrak{a}, \mathfrak{b}$ unmittelbar die Aussagen:

$$\mathfrak{a} \supset \mathfrak{b} \quad \textit{ist gleichbedeutend mit} \quad \breve{\mathfrak{a}} \subset \breve{\mathfrak{b}}\,,$$

$$\mathfrak{a} = \mathfrak{b} \quad \textit{ist gleichbedeutend mit} \quad \breve{\mathfrak{a}} = \breve{\mathfrak{b}}\,,$$

$$(\mathfrak{a} + \mathfrak{b})^{\vee} = \breve{\mathfrak{a}} \cap \breve{\mathfrak{b}}\,, \qquad (\mathfrak{a} \cap \mathfrak{b})^{\vee} = \breve{\mathfrak{a}} + \breve{\mathfrak{b}}\,.$$

Wegen der Äquivalenzen

$$\breve{x} \in (\mathfrak{a}\,\mathfrak{b})^{\vee} \leftrightarrow (\mathfrak{a}\,\mathfrak{b}) \cdot \breve{x} = 0 \leftrightarrow \mathfrak{a} \cdot (\mathfrak{b} \cdot \breve{x}) = 0 \leftrightarrow \mathfrak{b} \cdot \breve{x} \subset \breve{\mathfrak{a}} \leftrightarrow \breve{x} \in \breve{\mathfrak{a}} : \mathfrak{b}$$

ist

$$(\mathfrak{a} \cdot \mathfrak{b})^{\vee} = \breve{\mathfrak{a}} : \mathfrak{b} = \breve{\mathfrak{b}} : \mathfrak{a}\,.$$

Aus der Forderung $(\mathfrak{a} : \mathfrak{b})^{\vee} = \breve{\mathfrak{a}} \cdot \mathfrak{b}$ folgt insbesondere — da A nullteilerfrei ist —, wenn man sie auf das Nullideal $\mathfrak{a} = (0)$ anwendet, die Gleichung $\breve{A} = (0)^{\vee} = \big((0) : \mathfrak{b}\big)^{\vee} = \breve{A} \cdot \mathfrak{b}$ $\big(\mathfrak{b} \neq (0)\big)$. Daher läßt sich jedes $\breve{a} \in \breve{A}$ durch ein beliebiges Element $b \neq 0$ aus A „dividieren“:

$$\breve{a} = \breve{a}' \cdot b \qquad \text{mit} \qquad \breve{a}' \in \breve{A}\,.$$

2. Realisierungen

52. Wir wollen zeigen, daß die eingangs an das inverse System gestellten Forderungen in den von uns betrachteten Fällen eines Polynomrings über einem Körper bzw. eines regulären Stellenrings stets erfüllbar sind. Als inverses System $\breve{R}$ des Polynomrings $R = k[x_1, \ldots, x_n]$ kann man nach MACAULAY den R-Modul aller formalen Potenzreihen in $x_1^{-1}, \ldots, x_n^{-1}$ mit Koeffizienten aus k wählen, indem man die Multiplikation mit Polynomen aus R im Sinne der gewöhnlichen Potenzreihenmultiplikation ausführt und anschließend alle Glieder wegläßt, die positive Potenzen von $x_1, \ldots, x_n$ enthalten. Für das in diesem Sinne verstandene Produkt eines Elementes $\alpha \in R$ mit einem $\breve{x} \in \breve{R}$ wollen wir statt $\alpha \cdot \breve{x}$ insbesondere $\alpha \circ \breve{x}$ schreiben, wenn es uns darauf ankommt hervorzuheben, daß es dem inversen System angehört.[1]) Das inverse System $\breve{\mathfrak{a}}$ eines Ideals $\mathfrak{a}$ von R besteht dann aus genau den Elementen $\breve{a} \in \breve{R}$, für die $a \circ \breve{a} = 0$ für alle $a \in \mathfrak{a}$ gilt. Für dieses Modell sind alle unserere Forderungen erfüllt (vgl. [19], [9]). Darüber hinaus gilt ([19], S. 71):

Endlich viele Elemente $\breve{a}_i \in \breve{R}$ erzeugen genau dann das inverse System eines Ideals von R, wenn zu jedem $\breve{a}_i$ ein $a_i \neq 0$ aus R mit $\breve{a}_i \circ a_i = 0$ existiert.[2])

53. Ein weiteres, auch für die Analysis wichtiges Modell wird im Falle eines Polynomrings R der Charakteristik 0 durch die formalen Potenzreihen

$$\breve{a} = \sum \breve{\alpha}_{i_1 \ldots i_n} \frac{x_1^{i_1} \ldots x_n^{i_n}}{i_1! \ldots i_n!}$$

mit Koeffizienten aus k geliefert, indem man dabei den Elementen $a = \sum \alpha_{i_1 \ldots i_n} x_1^{i_1} \ldots x_n^{i_n}$ von R die Differentialoperatoren

$$D_a = \sum \alpha_{i_1 \ldots i_n} \frac{\partial^{i_1}}{\partial x_1^{i_1}} \cdots \frac{\partial^{i_n}}{\partial x_n^{i_n}}$$

zuordnet und unter dem Produkt $a \circ \breve{a}$ die Bildung $D_a \breve{a}$ versteht. Der Übergang von dem vorigen zu dem jetzt betrachteten Modell läßt sich dann so vollziehen, daß man der Potenzreihe $\sum \breve{\alpha}_{i_1 \ldots i_n} x_1^{-i_1} \ldots x_n^{-i_n}$ die Reihe $\breve{a}$ entsprechen läßt (vgl. [9]).

Ist k etwa der Körper der komplexen Zahlen, so können wir uns hierbei auch auf den R-Modul der konvergenten Potenzreihen beschränken und als inverses System $\breve{\mathfrak{a}}$ des Ideals $\mathfrak{a}$ den Modul der Lösungen $\breve{a} = \breve{a}(x_1, \ldots, x_n)$ des Differentialgleichungssystems $D_a \breve{a} = 0$ wählen, wo a eine Basis von $\mathfrak{a}$ durchläuft.

---

[1]) Diese Verabredung möge auch für die im folgenden zu betrachtenden Realisierungen gelten.

[2]) Dieser Satz wird in Wahrheit zum Beweis der Eigenschaft $(\mathfrak{a} : \mathfrak{b})^{\vee} = \breve{\mathfrak{a}} \cdot \mathfrak{b}$ ([19], Nr. **62**) benötigt, da man hierzu wissen muß, daß $\breve{\mathfrak{a}} \cdot \mathfrak{b}$ inverses System eines Ideals ist, bei MACAULAY aber in diesem Zusammenhang nicht zitiert und erst anschließend in Nr. **63** bewiesen.

54. Der Fall eines (regulären) Stellenrings s ist insofern problematischer, als die Elemente von s zwar nach bekanntem Vorbild [14] als Potenzreihen in $u_1, \ldots, u_n$ mit Koeffizienten aus einem Repräsentantensystem von $s/\mathfrak{p}$ geschrieben werden können, dieses Repräsentantensystem aber im allgemeinen nicht als Körper voraussetzbar ist, so daß beim Rechnen mit Stellenübertragungen im Sinne der $\mathfrak{p}$-adik zu rechnen ist. Wir betrachten daher zunächst Ideale $\mathfrak{a}$ der Dimension 0, d. h. Primärideale zu $\mathfrak{p}$, und gehen erst anschließend zu beliebigen Idealen über.

55. Als $\check{s}$ wählen wir die Menge aller Polynome in $u_1^{-1}, \ldots, u_n^{-1}$ mit Koeffizienten aus s. Zwei derartige Polynome sollen genau dann als gleich angesehen werden, wenn sie sich um s-Linearkombinationen von Elementen der Form $u_1^{i_1} \ldots u_n^{i_n}$ mit jeweils wenigstens einem positiven Exponenten unterscheiden. Das inverse System $\check{\mathfrak{a}}$ zu einem Ideal $\mathfrak{a}$ bestehe aus allen Elementen $\check{a} \in \check{s}$, für die im Sinne dieser Definition $a \circ \check{a} = 0$ für alle $a \in \mathfrak{a}$ ist.

Wir zeigen zunächst durch Induktion nach der Länge von $\mathfrak{a}$:

Im Falle eines nulldimensionalen Ideals $\mathfrak{a}$ *entsprechen sich* $\mathfrak{a}$ *und* $\check{\mathfrak{a}}$ *eineindeutig, d. h., es kann kein echtes Oberideal* $\mathfrak{b}$ *von* $\mathfrak{a}$ *mit* $\check{\mathfrak{b}} = \check{\mathfrak{a}}$ *geben.*

Beweis: Der Satz ist richtig für die Potenzen von $\mathfrak{p}$, denn offensichtlich wird $(\mathfrak{p}^m)^\vee$ von allen Potenzprodukten der Form $u_1^{-i_1} \ldots u_n^{-i_n}$ mit $i_1 + \cdots + i_n = m - 1$ erzeugt, und $\mathfrak{p}^m$ besteht aus genau den Elementen von s, die bei $\circ$-Multiplikation mit diesen Potenzprodukten 0 ergeben. Da jedes nulldimensionale Ideal eine Potenz von $\mathfrak{p}$ enthält, brauchen wir nur noch zu zeigen, daß die Aussage des Satzes auch für jedes unmittelbare Oberideal des Ideals $\mathfrak{a}$ gilt, wenn sie für $\mathfrak{a}$ erfüllt ist.

Es seien $\check{a}_j$ Erzeugende von $\check{\mathfrak{a}}$ [1]) und $\bar{a}_1, \ldots, \bar{a}_{\bar{\mu}}$ möglichst wenige Elemente aus s, die zusammen mit $\mathfrak{a}$ das Ideal $\mathfrak{a}:\mathfrak{b}$ erzeugen (Minimalbasis von $\mathfrak{a}:\mathfrak{p}$ über $\mathfrak{a}$; vgl. [4], Nr. 5). Da $\bar{a}_i \cdot \mathfrak{p}$ in $\mathfrak{a}$ liegt, können die Produkte $\bar{a}_i \circ \check{a}_j$ nur 0 oder durch Einheiten aus s repräsentierbar sein. Die Matrix dieser Produkte muß mod $\mathfrak{p}$ den Rang $\bar{\mu}$ besitzen, da anderenfalls die $\bar{a}_i$ keine Minimalbasis von $\mathfrak{a}:\mathfrak{p}$ über $\mathfrak{a}$ gebildet hätten. Daher muß die Anzahl der $\check{a}_j$ mindestens so groß wie die der $\bar{a}_i$ sein, und indem wir auf die $\check{a}_j$ nötigenfalls noch eine umkehrbare lineare Transformation anwenden, können wir voraussetzen, daß

$$\bar{a}_i \circ \check{a}_j = \delta_{ij} \tag{*}$$

ist.

Wir gehen über zu dem unmittelbaren Oberideal $\mathfrak{a}_1 = \mathfrak{a} + \bar{a}_1 \cdot s$ von $\mathfrak{a}$ [2]). Es ist $\check{\mathfrak{a}}_1 \subset \check{\mathfrak{a}}$ und außerdem nach (*) $\check{a}_j \in \check{\mathfrak{a}}_1$ für $j \neq 1$. $\alpha \circ \check{a}_1 \in \check{\mathfrak{a}}_1$

[1]) Es wird dabei nicht davon Gebrauch gemacht, daß $\check{\mathfrak{a}}$ in Wahrheit bereits von endlich vielen Elementen erzeugt werden kann.

[2]) Jedes unmittelbare Oberideal von $\mathfrak{a}$ kann in dieser Weise gewonnen werden.

$(\alpha \in s)$ ist gleichbedeutend mit $\bar{a}_1 \alpha \circ \breve{a}_1 = 0$, d. h. $\alpha\, \bar{a}_1 \in \mathfrak{a}$ und damit $\alpha \in \mathfrak{p}$. Daher wird $\breve{\mathfrak{a}}_1$ von $\breve{a}_1 \circ u_1, \ldots, \breve{a}_1 \circ u_n$ und den $\breve{a}_j$ mit $j \neq 1$ erzeugt. Umgekehrt wird $\mathfrak{a}_1$ durch $\breve{\mathfrak{a}}_1$ eindeutig bestimmt. Gelten nämlich für ein $a \in s$ die Gleichungen $a \circ \breve{a}_j = 0\ (j \neq 1)$ und $a \circ u_i = 0\ (i = 1, \ldots, n)$, so folgt $a\, u_i \circ \breve{a}_j = 0$ für alle j und daher nach Induktionsvoraussetzung $a\, u_i \in \mathfrak{a}$. a hat somit die Form

$$a = \sum_i \alpha_i\, \bar{a}_i + a' \qquad \text{mit} \qquad \alpha_i \in s\,, \quad a' \in \mathfrak{a}\,,$$

was

$$0 = a \circ \breve{a}_j = \sum_i \alpha_i\, \delta_{ij} = \alpha_j \qquad \text{für} \qquad j \neq 1$$

und damit $a \in \mathfrak{a} + \bar{a}_1 \cdot s = \mathfrak{a}_1$ nach sich zieht. Damit ist der Satz bewiesen.

Korollar: Aus dem Beweis geht gleichzeitig hervor, daß man die Erzeugenden $\breve{a}_j$ des inversen Systems von $\mathfrak{a}$ so wählen kann, daß mit den Elementen $\bar{a}_1, \ldots, \bar{a}_{\bar{\mu}}$ einer Minimalbasis von $\mathfrak{a}:\mathfrak{p}$ über $\mathfrak{a}$ die Gleichungen $\bar{a}_i \circ \breve{a}_j = \delta_{ij}$ bestehen. Da $(\mathfrak{p}^m)^{\vee}$ endlich viele Erzeugende besitzt, folgt aus dem Beweis, daß dies auch für jedes nulldimensionale Ideal von s zutrifft.

56. Analog wie bei Idealen (vgl. Nr. **3**) können wir auch für s-Moduln in $\breve{s}$ ein Kettenlängensymbol $\left(\frac{\breve{\mathfrak{b}}}{\breve{\mathfrak{a}}}\right)$ als größte Länge einer $\breve{\mathfrak{b}}$ mit $\breve{\mathfrak{a}}$ verbindenden echten Kette von s-Moduln aus $\breve{s}$ einführen und hierfür die im Falle von Idealen ausgesprochenen Aussagen beweisen. Ebenso wie bei Idealen (vgl. [18], [13]) zeigt man auch hier den Satz über einfache Kettenglieder:

Zwei s-Moduln $\breve{\mathfrak{a}}$, $\breve{\mathfrak{b}}$ in $\breve{s}$ mit $\breve{\mathfrak{a}} \supset \breve{\mathfrak{b}}$ stehen genau dann in der Beziehung $\left(\frac{\breve{\mathfrak{b}}}{\breve{\mathfrak{a}}}\right) = 1$ zueinander, wenn $\breve{\mathfrak{a}} = \breve{\mathfrak{b}} + \breve{a} \circ s$ mit $\breve{a} \in \breve{s}$, $\breve{a} \notin \breve{\mathfrak{b}}$, $\mathfrak{p} \circ \breve{\mathfrak{a}} \subset \breve{\mathfrak{b}}$ gilt.

Dem Ideal $\mathfrak{p}$ ist als inverses System der Modul $s \circ 1$, s selbst ist der Nullmodul zugeordnet. Dual zu Nr. **55** läßt sich zeigen, daß mit $\breve{\mathfrak{a}}$ auch jeder unmittelbare Obermodul $\breve{\mathfrak{b}}$ von $\breve{\mathfrak{a}}$ inverses System zu einem Ideal von s ist. Daraus folgt, daß endlich viele Elemente aus $\breve{s}$ stets das inverse System eines (nulldimensionalen) Ideals von s erzeugen, denn sie werden bei Multiplikation mit einer hinreichend hohen Potenz von $\mathfrak{p}$ annulliert. Es ist $\left(\frac{\mathfrak{b}}{\mathfrak{a}}\right) = \left(\frac{\breve{\mathfrak{a}}}{\breve{\mathfrak{b}}}\right)$ und insbesondere $l(\mathfrak{a}) = \left(\frac{\mathfrak{a}}{s}\right) = \left(\frac{(0)}{\breve{\mathfrak{a}}}\right)$.

Wir schließen hieraus speziell, daß die Anzahl der Erzeugenden $\breve{a}_j$ in einer Minimalbasis des inversen Systems $\breve{\mathfrak{a}}$ eines nulldimensionalen Ideals $\mathfrak{a}$ gleich $\bar{\mu}(\mathfrak{a}) = \left(\frac{\mathfrak{a}}{\mathfrak{a}:\mathfrak{p}}\right)$ ist.

57. Das Ideal $\mathfrak{a}$ von s sei nulldimensional, $\mathfrak{b}$ sei ein beliebiges Ideal aus s. Dann hat der s-Modul $\check{\mathfrak{c}} = \mathfrak{b} \circ \check{\mathfrak{a}}$ aus $\check{s}$ die Eigenschaft, daß $x \circ \check{\mathfrak{c}} = 0$ $(x \in s)$ gleichbedeutend mit $x \cdot \mathfrak{b} \circ \check{\mathfrak{a}} = 0$, d. h. $x \cdot \mathfrak{b} \subset \mathfrak{a}$ oder $x \in \mathfrak{a}:\mathfrak{b}$ ist. Da $\check{\mathfrak{c}}$ als endlich erzeugter Untermodul eines s-Moduls in $\check{s}$ von endlicher Länge gleichfalls ein inverses Systems darstellt (Nr. 56), ist $\check{\mathfrak{c}}$ gerade das inverse System von $\mathfrak{c} = \mathfrak{a}:\mathfrak{b}$. Es gilt also

$$(\mathfrak{a}:\mathfrak{b})^{\vee} = \check{\mathfrak{a}} \circ \mathfrak{b} \,.$$

Damit sind im Falle nulldimensionaler Ideale alle für das inverse System geforderten Eigenschaften (Nr. 50) nachgewiesen.

58. Um auch für Ideale $\mathfrak{a}$ von s einer Dimension >0 das inverse System erklären zu können, gehen wir zur perfekten Hülle s^* von s mit dem maximalen Primideal $\mathfrak{p}^* = \mathfrak{p} \cdot s^* = u_1 \cdot s^* + \cdots + u_n \cdot s^*$ über und bilden $(s^*)^{\vee}$ in der oben beschriebenen Weise. Um das inverse System eines von einem Ideal $\mathfrak{a}$ in s erzeugten Ideals $\mathfrak{a}^* = \mathfrak{a} \cdot s^*$ in s^* zu erhalten, brauchen wir bloß $\check{a} \circ \mathfrak{a} = 0$ für alle $\check{a} \in (\mathfrak{a}^*)^{\vee}$ zu fordern, und umgekehrt folgt wegen $\mathfrak{a}^* \cap s = \mathfrak{a}$ aus $a \in s$, $a \circ (\mathfrak{a}^*)^{\vee} = 0$, daß $a \in \mathfrak{a}$ gilt. Auf Grund der bekannten Rechenregeln für den Übergang zur perfekten Hülle können wir daher $(\mathfrak{a}^*)^{\vee}$ auch als inverses System des Ideals $\mathfrak{a}$ von s auffassen und dürfen daher im folgenden, wenn es notwendig ist, ohne Beschränkung der Allgemeinheit immer annehmen, daß wir es mit Idealen eines perfekten Stellenringes s zu tun haben. Unter dieser Voraussetzung gilt:

Ist $\mathfrak{a}_1 \supset \mathfrak{a}_2 \supset \cdots$ eine absteigende Kette von Idealen mit dem Durchschnitt $\mathfrak{a}$, so ist

$$\check{\mathfrak{a}} = (\bigcap \mathfrak{a}_i)^{\vee} = \bigcup \check{\mathfrak{a}}_i \,.$$

Beweis: Als Vereinigung einer aufsteigenden Kette von s-Moduln in $\check{s}$ stellt die rechte Seite offenbar wieder einen s-Modul in $\check{s}$ dar. Die Inklusion $\check{\mathfrak{a}} \supset \check{\mathfrak{a}}_i$ und daher $\check{\mathfrak{a}} \supset \bigcup \check{\mathfrak{a}}_i$ ist evident. Da s perfekt sein soll, entsprechen die Elemente eines Ideals $\mathfrak{b}$ von s eineindeutig den Restklassenfolgen (vgl. [13], Nr. 269)

$$b_1 + \mathfrak{p} \supset b_2 + \mathfrak{p}^2 \supset \cdots \supset b_i + \mathfrak{p}^i \supset \cdots$$

mit $b_i \in \mathfrak{b}$, die Ideale $\mathfrak{a}_i$ den Folgen

$$\mathfrak{a}_i + \mathfrak{p} \supset \mathfrak{a}_i + \mathfrak{p}^2 \supset \cdots$$

und $\mathfrak{a} = \bigcap \mathfrak{a}_i$ der Durchschnittsfolge

$$\{\bigcap (\mathfrak{a}_i + \mathfrak{p}) \supset \bigcap (\mathfrak{a}_i + \mathfrak{p}^2) \supset \cdots\} = \{\mathfrak{a} + \mathfrak{p} \supset \mathfrak{a} + \mathfrak{p}^2 \supset \cdots\} .$$

Daraus folgt, daß zu jeder natürlichen Zahl m ein Index i_m mit $\mathfrak{a}_{i_m} \subset \mathfrak{a} + \mathfrak{p}^m$ existiert. Ist nun $\check{a} \in \check{\mathfrak{a}}$, so gilt für hinreichend großes m auch $\check{a} \circ \mathfrak{p}^m = 0$ und damit $\check{a} \circ \mathfrak{a}_i = 0$, d. h. $\check{a} \in \check{\mathfrak{a}}_{i_m}$. Daher besteht auch die umgekehrte Inklusion $\check{\mathfrak{a}} \subset \bigcap \check{\mathfrak{a}}_i$.

59. Es sei jetzt $\mathfrak{a}$ ein beliebiges Ideal aus s. Dann gilt nach dem Satz von KRULL (Nr. 2)

$$\mathfrak{a} = \bigcap_i (\mathfrak{a} + \mathfrak{p}^i),$$

der eben gemachten Bemerkung zufolge also

$$\check{\mathfrak{a}} = \bigcup_i (\mathfrak{a} + \mathfrak{p}^i)^\vee .$$

Haben wir umgekehrt $a \circ \bigcup_i (\mathfrak{a} + \mathfrak{p}^i)^\vee = 0$ mit $a \in s$, so ist $a \circ (\mathfrak{a} + \mathfrak{p}^i)^\vee = 0$ für jedes i, d. h. $a \in \bigcap_i (\mathfrak{a} + \mathfrak{p}^i) = \mathfrak{a}$. Damit sind die ersten beiden Eigenschaften des inversen Systems nachgewiesen.

Wegen

$$\mathfrak{a} : \mathfrak{b} = [\bigcap_i (\mathfrak{a} + \mathfrak{p}^i)] : \mathfrak{b} = \bigcap_i (\mathfrak{a} + \mathfrak{p}^i) : \mathfrak{b}$$

gilt auf Grund der für nulldimensionale Ideale bewiesenen Eigenschaften für ein beliebiges Ideal $\mathfrak{b}$

$$(\mathfrak{a} : \mathfrak{b})^\vee = \bigcup_i [(\mathfrak{a} + \mathfrak{p}^i) : \mathfrak{b}]^\vee = \bigcup_i (\mathfrak{a} + \mathfrak{p}^i)^\vee \circ \mathfrak{b}$$
$$= \mathfrak{b} \circ \bigcup_i (\mathfrak{a} + \mathfrak{p}^i)^\vee = \mathfrak{b} \circ \check{\mathfrak{a}} .$$

Damit besitzt $\check{\mathfrak{a}}$ alle für das inverse System geforderten Eigenschaften.

Da offenbar für jedes Element $\check{a} \in \check{s}$ und hinreichend großes m die Beziehung $\mathfrak{p}^m \circ \check{a} = 0$ besteht, entsprechen die von endlich vielen Elementen erzeugbaren s-Moduln aus $\check{s}$ genau den nulldimensionalen Idealen von s.

60. In Kenntnis des inversen Systems regulärer Stellenringe können wir ein weiteres Modell für das inverse System eines Polynomrings R konstruieren. Wir können nämlich als $\check{R}$ die direkte Summe der R-Moduln $(R_{\mathfrak{P}})^\vee$ wählen, wo $\mathfrak{P}$ etwa alle nulldimensionalen Primideale von R durchläuft und $R_{\mathfrak{P}}$ die zu $\mathfrak{P}$ gehörige Lokalisierung von R bezeichnet. Im Hinblick auf Nr. 4 sind dann alle an das inverse System gestellten Forderungen erfüllt. Dagegen gilt hierbei nicht mehr die Aussage, daß das inverse System eines nulldimensionalen Ideals von endlich vielen Elementen erzeugt werden kann; wir werden daher dieses Modell für Polynomringe außer Betracht lassen. Wichtiger ist die analoge Bildung für die regulären semilokalen Ringe, auf die wir in Nr. **11** gestoßen sind.

3. Das inverse System eines Vektormoduls

61. Im Falle eines k-reihigen A-Vektormoduls $\mathfrak{a}$ verstehen wir unter dem inversen System $\check{\mathfrak{a}}$ von $\mathfrak{a}$ den Untermodul aller Spaltenvektoren $\check{a}$

aus $\check{A}^{(k)} = \begin{pmatrix} \check{A} \\ \vdots \\ \check{A} \end{pmatrix}$, für die im Sinne der Matrizenmultiplikation unter Beachtung der in $\check{A}$ eingeführten Gleichheitsdefinition $a \circ \check{a} = 0$ für alle $a \in \mathfrak{a}$ gilt.[1]) Dieser A-Modul erfüllt alle von uns an ein inverses System gestellten Bedingungen:

$$\check{a} \in \check{\mathfrak{a}} \leftrightarrow \mathfrak{a} \circ \check{a} = 0\,, \quad a \in \mathfrak{a} \leftrightarrow a \circ \check{\mathfrak{a}} = 0\,,$$
$$(\mathfrak{a}:\mathfrak{b})^{\vee} = \check{\mathfrak{a}} \circ \mathfrak{b} \qquad (\mathfrak{b}\ \text{Ideal})\,^{2})\,. \qquad (*)$$

Bei einem Polynomring R läßt sich nämlich der von MACAULAY [19] bzw. GRÖBNER [9] gegebene Beweis unmittelbar auf den vorliegenden Fall übertragen, während bei einem regulären Stellenring $\mathfrak{s}$ der in Nr. **54** bis **59** dargestellte Beweis sinngemäß auch hier gültig bleibt, wenn wir uns dabei auf Nr. **17** anstatt auf Nr. **2** berufen.

Für uns wird im wesentlichen nur das inverse System k-reihiger Moduln vom Rang k von Interesse sein.

In Analogie zu Nr. **50** können wir auch hier die Komponenten der Vektoren $\check{a}$ auf den Modul $\check{A}'$ derjenigen $\check{b} \in \check{A}$ beschränken, die dem inversen System eines vom Nullideal verschiedenen Ideals angehören.

62. Ein A-Modul aus $\check{A}^{(k)}$ kann, indem man die zu ihm gehörigen Spaltenvektoren durch Voranstellen von Nullen ergänzt, in $\check{A}^{(l)}$ $(l > k)$ eingebettet und somit als A-Modul aus $\check{A}^{(l)}$ aufgefaßt werden.

Zwei A-Moduln $\check{\mathfrak{a}}$, $\check{\mathfrak{a}}'$ aus $\check{A}^{(k)}$ bzw. $\check{A}^{(k')}$ sollen genau dann als *äquivalent im engeren Sinne* bezeichnet werden, wenn $k = k'$ ist und es eine in A umkehrbare Matrix C mit Elementen aus A gibt, so daß die Abbildung

$$\check{a} \to C \circ \check{a} = \check{a}' \qquad (\check{a} \in \check{\mathfrak{a}},\ \check{a}' \in \check{\mathfrak{a}}')$$

einen Isomorphismus von $\check{\mathfrak{a}}$ auf $\check{\mathfrak{a}}'$ vermittelt; sie mögen *äquivalent* schlechthin heißen, wenn sie, als A-Moduln von $\check{A}^{(l)}$ mit $l \geqq k, k'$ aufgefaßt, im engeren Sinne äquivalent sind. Dann gilt (vgl. Nr. **20**):

---

[1]) Es kommt also jetzt auf die Reihenfolge der Faktoren an. Dagegen können wir mit Elementen aus A als „Skalaren" von links oder von rechts multiplizieren.

[2]) Diese Gleichung gilt auch, wenn sowohl $\mathfrak{a}$ als auch $\mathfrak{b}$ k-reihige Vektormoduln sind. Darüber hinaus bleibt diese Gleichung auch bestehen und kann genauso bewiesen werden, wenn $\mathfrak{a}$ Ideal und $\mathfrak{b}$ k-reihiger Vektormodul ist und man unter $\mathfrak{a}:\mathfrak{b}$ den Modul der Spaltenvektoren x mit $\mathfrak{b} \cdot x \subset \mathfrak{a}$ versteht. (Die oben formulierten Bedingungen an das inverse System sind dann natürlich sinngemäß abzuändern.) Wir gehen hier nicht weiter darauf ein, da wir von dieser Aussage außer in einem Satz am Ende von Kap. V, § 1, der für das Folgende nicht benötigt wird, keinen Gebrauch machen werden.

Die inversen Systeme $\breve{\mathfrak{a}}$ und $\breve{\mathfrak{a}}'$ der k- bzw. k'-reihigen Moduln $\mathfrak{a}$ und $\mathfrak{a}'$ vom Range k bzw. k' sind genau dann äquivalent [im engeren Sinne], wenn $\mathfrak{a}$ und $\mathfrak{a}'$ äquivalent [im engeren Sinne] sind.

Beweis: I — Wenn $\mathfrak{a}' = \mathfrak{a} \cdot C$ mit einer in A umkehrbaren Matrix C ist, so gilt $\mathfrak{a} \cdot C \circ \breve{\mathfrak{a}} = 0$, also $C \circ \breve{\mathfrak{a}}' \subset \breve{\mathfrak{a}}$ und $\breve{\mathfrak{a}}' \subset C^{-1} \circ \breve{\mathfrak{a}}$. Die Gleichung $\mathfrak{a} = \mathfrak{a}' \cdot C^{-1}$ liefert die umgekehrte Inklusion und damit $C \circ \breve{\mathfrak{a}}' = \breve{\mathfrak{a}}$. Ebenso folgt die Umkehrung.

II — Das inverse System des als Vektormodul aufgefaßten Moduls $\mathfrak{a} \oplus \underbrace{A \oplus \cdots \oplus A}_{t\text{-mal}}$ ergibt sich aus $\breve{\mathfrak{a}}$, indem man die Vektoren von $\breve{\mathfrak{a}}$ durch t Nullen ergänzt. Sind die k- bzw. k'-reihigen Moduln $\mathfrak{a}$ und $\mathfrak{a}'$ vom Rangdefekt 0 äquivalent, so gibt es direkte Summen $\mathfrak{b} = \mathfrak{a} \oplus \oplus A \oplus \cdots \oplus A$ und $\mathfrak{b}' = \mathfrak{a}' \oplus A \cdots \oplus A$, die im engeren Sinne äquivalent sind (vgl. Nr. **20**), woraus die Äquivalenz von $\breve{\mathfrak{a}}$ und $\breve{\mathfrak{a}}'$ nach I folgt. Ebenso ergibt sich die Umkehrung.

63. Wie im Falle von Idealen erkennt man:

Das inverse System eines Moduls $\mathfrak{a}$ besitzt genau dann eine endliche Basis, wenn $\mathfrak{a}$ nulldimensional, also durch eine nicht weiter verfeinerbare endliche Modulkette mit $A^{(k)}$ verbindbar ist.

Der von endlich vielen Elementen $\breve{a}_i \in \breve{s}^{(k)}$ in $\breve{s}^{(k)}$ erzeugte s-Modul $\breve{\mathfrak{a}}$ ist im Falle eines Stellenringes s stets inverses System eines nulldimensionalen Moduls $\mathfrak{a}$ von $s^{(k)}$. Es gibt nämlich eine Potenz $\mathfrak{p}^m$ von $\mathfrak{p}$, so daß für alle Komponenten $\breve{a}_{ij}$ von $\breve{a}_i$ die Gleichung $\breve{a}_{ij} \circ \mathfrak{p}^m = 0$ gilt, $\breve{a}_i$ also im inversen System des nulldimensionalen Moduls $(\mathfrak{p}^m \cdot s^{(k)})$ enthalten ist, woraus die Behauptung folgt (vgl. die unmittelbar auf Vektormoduln übertragbaren Ausführungen von Nr. **56**).

Für Polynomringe R gilt:

Der von endlich vielen Vektoren $\breve{a}_i \in \breve{R}^{(k)}$ erzeugte R-Modul in $\breve{R}^{(k)}$ ist genau dann inverses System eines Moduls $\mathfrak{a}$ von $R^{(k)}$, wenn zu jedem $\breve{a}_i$ ein $a_i \neq 0$ aus R mit $\breve{a}_i \circ a_i = 0$ existiert, d. h., wenn alle Komponenten von $\breve{a}_i$ in $\breve{R}'$ liegen (vgl. Nr. **50**).

Beweis: I — Die Notwendigkeit dieser Bedingung ergibt sich daraus, daß $\mathfrak{a}$ notwendig nulldimensional ist, also ein vom Nullideal verschiedenes Diagonalideal $\Delta(\mathfrak{a})$ besitzt und jedes Element a hieraus nach Definition der Gleichung $\breve{a}_i \circ a = 0$ genügt.

II — $\breve{a}_{ij}$ $(j = 1, \ldots, k)$ seien die Komponenten des Vektors $\breve{a}_i \in \breve{R}^{(k)}$. Die Bedingungen $\breve{a}_i \circ a_i = 0$ sind daher mit $\breve{a}_{ij} \circ a_i = 0$ gleichwertig. Nach Nr. **52** erzeugen dann die $\breve{a}_{ij}$ das inverse System eines nulldimensionalen Ideals $\mathfrak{b}'$ in R. Folglich sind alle $\breve{a}_i$ im inversen System des nulldimensionalen Moduls $\mathfrak{b} = \mathfrak{b}' \cdot R^{(k)}$ enthalten, und somit ist $\sum \breve{a}_i \circ R$ das inverse System eines nulldimensionalen Obermoduls $\mathfrak{a}$ von $\mathfrak{b}$.

4. Basis des inversen Systems

64. Im Hinblick auf die Anzahl der Erzeugenden des inversen Systems beweisen wir zunächst:

$\mathfrak{a}$ sei ein nulldimensionaler Primärmodul von A, $\mathfrak{P}$ das zugehörige Primideal. Dann gibt es eine Minimalbasis von $\check{\mathfrak{a}}$ aus $\left(\frac{\mathfrak{a}}{\mathfrak{a}:\mathfrak{P}}\right)$ Elementen, aber keine aus weniger Elementen bestehende.

Beweis: $\left(\frac{\mathfrak{a}}{\mathfrak{a}:\mathfrak{P}}\right)$ ist gleich der Minimalzahl $\bar{\mu}$ von Elementen $\bar{a}_i \in A^{(k)}$ $(i = 1, \ldots, \bar{\mu})$, die zusammen mit $\mathfrak{a}$ den Modul $\mathfrak{a}:\mathfrak{P}$ erzeugen. $\check{a}_1, \ldots, \check{a}_t$ sei Basis von $\check{\mathfrak{a}}$.

Da $(\mathfrak{P} \cdot \bar{a}_i) \circ \check{a}_j = 0$ ist, gilt $\bar{a}_i \circ \check{a}_j \in \check{\mathfrak{P}}$. Andererseits ist $\mathfrak{P}$ als Primideal irreduzibel, sein inverses System kann also, wenn es eine endliche Basis besitzt, auch bereits von einem Element $\check{p}$ erzeugt werden. Daher gilt

$$\bar{a}_i \circ \check{a}_j = \alpha_{ij} \circ \check{p},$$

wobei das Element $\alpha_{ij} \in A$ bis auf Summanden aus $\mathfrak{P}$ bestimmt ist. Indem wir nötigenfalls zu einer anderen Basis von $\mathfrak{a}:\mathfrak{P}$ über $\mathfrak{a}$ und einer anderen Basis von $\check{\mathfrak{a}}$ übergehen, können wir voraussetzen, daß die Matrix (α_{ij}) Diagonalgestalt besitzt. Daraus folgt $t \geqq \bar{\mu}$, da anderenfalls $\bar{a}_{\bar{\mu}} \circ \check{a}_j = 0$ für alle j und somit $\bar{a}_{\bar{\mu}} \in \mathfrak{p}$ gelten würde. Der Modul $\check{\mathfrak{a}}' = \check{a}_t \circ \mathfrak{P} + \sum_{j=1}^{t-1} \check{a}_j \circ A$ ist nämlich inverses System zu einem echten Obermodul $\mathfrak{a}'$ von $\mathfrak{a}$ mit $\mathfrak{P} \cdot \mathfrak{a}' \subset \mathfrak{a}$, der also von $\mathfrak{a}$ und gewissen Linearkombinationen der $\bar{a}_i$ erzeugt wird. Die Annahme $t > \bar{\mu}$ hätte aber bereits $\bar{a}_i \circ \check{a}_t = 0$ für $i = 1, \ldots, \bar{\mu}$ und damit $\mathfrak{a}' = \mathfrak{a}$ zur Folge. Damit ist alles beweisen.

65. *$\mathfrak{a}$ sei nulldimensionaler Modul von A mit der reduzierten Primärzerlegung $\mathfrak{a} = \mathfrak{a}_1 \cap \cdots \cap \mathfrak{a}_t$; $\mathfrak{p}_1, \ldots, \mathfrak{p}_t$ seien die zugehörigen Primideale. Dann kann das inverse System $\check{\mathfrak{a}}$ von $\mathfrak{a}$ von $\operatorname{Max}_i \left(\frac{\mathfrak{a}_i}{\mathfrak{a}_i:\mathfrak{P}_i}\right)$ Elementen, aber nicht von weniger Elementen erzeugt werden.*

Beweis: I — Es ist (s. Nr. **51**)

$$\check{\mathfrak{a}} = \check{\mathfrak{a}}_1 + \cdots + \check{\mathfrak{a}}_t,$$

und der vorstehenden Nummer zufolge wird $\check{\mathfrak{a}}_i$ von $\bar{\mu}_i = \left(\frac{\mathfrak{a}_i}{\mathfrak{a}_i:\mathfrak{P}_i}\right)$, aber nicht von weniger Elementen $\check{a}_{ij}$ $(j = 1, \ldots, \bar{\mu}_i)$ aus $\check{A}^{(k)}$ erzeugt. Wir denken uns die $\check{\mathfrak{a}}_i$ nach abnehmendem $\bar{\mu}_i$ geordnet, so daß also $\bar{\mu}_1 = \operatorname{Max}_i \bar{\mu}_i$

wird, und bilden die Elemente

$$\begin{aligned} \breve{a}_1 &= \breve{a}_{11} + \breve{a}_{21} + \cdots + \breve{a}_{t1} \\ \breve{a}_2 &= \breve{a}_{12} + \breve{a}_{22} + \cdots \\ & \cdots\cdots\cdots\cdots\cdots \\ \breve{a}_{\overline{\mu}_1} &= \breve{a}_{1\overline{\mu}_1} + \cdots, \end{aligned}$$

wobei die Summe jeweils so weit reicht, wie noch entsprechende Elemente $\breve{a}_{ij}$ vorhanden sind. Wir behaupten, daß dann $\breve{\mathfrak{a}}$ bereits von den $\breve{a}_i$ erzeugt wird.

Zum Beweis bemerken wir, daß für ein nicht in $\mathfrak{p}_i$ enthaltenes p $\mathfrak{a}_i:(p \cdot A) = \mathfrak{a}_i$ und daß für hinreichend großes N $\mathfrak{a}_i:\mathfrak{p}_i^N = A^{(k)}$ ist. Durch Übergang zum inversen System folgt hieraus $\breve{\mathfrak{a}}_i \circ p = \breve{\mathfrak{a}}_i$ und $\breve{\mathfrak{a}}_i \circ \mathfrak{p}_i^N = 0$. Wählen wir daher zu jedem i ein $p_i \in \mathfrak{p}_i$ mit $p_i \notin \mathfrak{p}_j$ für $j \neq i$ und setzen $p_1' = \prod_{j \neq l} p_j$, so wird $\breve{a}_i \circ p_l'^N = p_l'^N \circ \breve{a}_{li}$, falls $\breve{a}_{li}$ in $\breve{a}_i$ vorkam, und sonst 0. Der von den $\breve{a}_i$ erzeugte Modul enthält also alle $\breve{\mathfrak{a}}_l$ und muß somit mit $\breve{\mathfrak{a}}$ zusammenfallen.

II — Würde es eine Basis für $\breve{\mathfrak{a}}$ aus weniger als $\overline{\mu}_1$ Elementen geben, so würden wir den vorstehenden Überlegungen zufolge durch Multiplikation mit $p_1'^N$ eine aus weniger als $\overline{\mu}_1$ Elementen bestehende Basis von $\breve{\mathfrak{a}}_1$ enthalten, und das widerspräche Nr. 64. Damit ist alles bewiesen.

Für einen Primärmodul $\mathfrak{a}$ mit dem Primideal $\mathfrak{P}$ ist die Aussage $\overline{\mu}(\mathfrak{a}) = \left(\frac{\mathfrak{a}}{\mathfrak{a}:\mathfrak{p}}\right) = 1$ gleichbedeutend mit der Irreduzibilität von $\mathfrak{a}$. Wir heben daher als Folgerung des vorstehenden Satzes hervor:

Sind die Primärkomponenten des nulldimensionalen Moduls $\mathfrak{a}$ alle irreduzibel, so wird das inverse System $\breve{\mathfrak{a}}$ von $\mathfrak{a}$ von e i n e m *Element erzeugt, und umgekehrt.*

IV. SYZYGIENTHEORIE

1. Allgemeine Definitionen und Eigenschaften

66. $\mathfrak{a}$ sei ein k-reihiger A-Vektormodul, insbesondere also ein Ideal. Wir ordnen die Elemente $a_1, \ldots, a_\mu$ einer Minimalbasis von $\mathfrak{a}$ untereinander in einer Matrix β^0 an, die wir auch als 0-te Syzygienmatrix von $\mathfrak{a}$ bezeichnen. Es sei bereits die t-te Syzygienmatrix β^t erklärt; dann definieren wir $\beta^{t+1} = \left(\beta^{t+1}(\mathfrak{a})\right)$ als Matrix mit Elementen aus A, deren Zeilen eine Minimalbasis für den A-Modul („Syzygienmodul") S_{t+1} der Vektoren („Syzygien") β mit Komponenten aus A und mit der Eigenschaft $\beta \cdot \beta^t = 0$ bilden. Sind die Zeilen von β^t über dem Quotientenkörper (A) von A linear unabhängig (d. h., S_{t+1} ist Nullmodul), so sagen wir, die Syzygienkette breche mit dem t-ten Glied ab.

Aus der Definition folgt unmittelbar, daß S_t für $t > 0$ einen Primmodul im Sinne von Nr. **21** zu dem Nullideal als Primideal darstellt.

67. Im Falle eines (regulären) Stellenringes s besteht jede Minimalbasis eines Moduls aus der gleichen Anzahl von Elementen, und zwei verschiedene Minimalbasen gehen durch eine lineare, in s umkehrbare Transformation auseinander hervor. Daraus folgt unmittelbar, daß entsprechende Syzygienmoduln verschiedener Syzygienketten ein und desselben Moduls im engeren Sinne zueinander äquivalent sind (vgl. Nr. **20**), insbesondere also entsprechende Syzygienmatrizen die gleiche Zeilen- bzw. Spaltenzahl aufweisen.

Dasselbe Ergebnis gilt auch im Falle eines Polynomringes R, wenn wir homogene Moduln (s. Nr. **18**) betrachten und nur homogene Syzygien zulassen (vgl. [6]). Wählt man nämlich für den homogenen Vektormodul $\mathfrak{a}$ eine Basis aus Vektoren $a_l = (a_{l1}, \ldots, a_{lk})$ $(l = 1, \ldots, \mu)$, deren Komponenten a_{lj} Formen vom Grade $\nu(a_{lj})$ sind, so daß die Differenzen $\nu(a_{li}) - \nu(a_{lj}) = \nu_{ij}$ von a_l unabhängig sind, so kann man alle Syzygien von $\mathfrak{a}$ durch Linearkombination von Vektoren $b = (b_1, \ldots, b_\mu)$ erhalten, wo die b_i Formen vom Grade $\nu(b_i)$ mit

$$\nu(b_1) + \nu(a_{1i}) = \nu(b_2) + \nu(a_{2i}) = \cdots = \nu(b_\mu) + \nu(a_{\mu i})$$

sind, die Graddifferenzen $\nu(b_i) - \nu(b_j) = \nu'_{ij}$ also wiederum nicht vom Vektor b abhängen. Insbesondere läßt sich das Ergebnis von Nr. **7** auf homogene Vektormoduln übertragen.

In beiden Fällen bricht die Syzygienkette spätestens mit dem $(n-1)$-ten Glied ab. Bezeichnen wir den (eindeutig bestimmten) Index t der letzten von 0 verschiedenen Syzygienmatrix β^t von $\mathfrak{a}$ als die homologische Dimension von $\mathfrak{a}$ (h d $\mathfrak{a}$) [1]), so gilt also

$$\mathrm{h\,d}\,\mathfrak{a} \leqq n - 1\,.$$

(Dem Nullmodul werde formal die homologische Dimension -1 zugeschrieben.) Insbesondere gilt (s. [4], Nr. **23**, oder [6]):

Es ist genau dann h d $\mathfrak{a} = n - 1$, *wenn* $\mathfrak{a}$ *eine nulldimensionale Komponente besitzt.*

68. Bei beliebigen (inhomogenen) Vektormoduln $\mathfrak{a}$ über einem Polynomring $R = k[x_1, \ldots, x_n]$ ist die obige Aussage nicht ohne weiteres richtig. Um den Satz vom Abbrechen der Syzygienkette auch hierauf

---

[1]) Diese Definition steht mit der von NAGATA [21] gegebenen in Einklang, nach der für h d $\mathfrak{a}$ das Maximum der homologischen Dimensionen der durch $\mathfrak{a}$ in den verschiedenen Lokalisierungen $R_\mathfrak{p}$ von R bestimmten Moduln zu nehmen ist.

übertragen zu können, müssen wir von der Forderung abgehen, immer eine Minimalbasis der Syzygienmoduln zu wählen, d. h., wir müssen auch sog. schwache Syzygienketten in Betracht ziehen. Wir gehen von einer Basis von $\mathfrak{a}$ aus und bilden aus den Vektoren dieser Basis, indem wir die einzelnen Formenbestandteile ihrer Komponenten noch mit passenden Potenzen einer neuen Unbestimmten x_0 multiplizieren, homogene Vektoren, die einen homogenen Modul $\mathfrak{a}'$ über $R' = k[x_0, x_1, \ldots, x_n]$ erzeugen. Bei hinreichend großem m erhalten wir dann in $\mathfrak{a}_0 = \mathfrak{a}' : \mathfrak{a}(x_0 \cdot R')^m$ einen (äquivalenten) homogenen Modul, zu dem x_0 prim ist und der bei der Ersetzung $x_0 \to 1$ in $\mathfrak{a}$ übergeht. Die Syzygienkette von $\mathfrak{a}_0$ bricht demnach auf Grund des obigen Satzes spätestens mit dem $(n-1)$-ten Glied ab. Bei der Ersetzung $x_0 \to 1$ gehen die Syzygien von $\mathfrak{a}_0$ in (schwache) Syzygien von $\mathfrak{a}$ über. Umgekehrt kann man aus den Syzygien von $\mathfrak{a}$ durch passendes „Auffüllen" mit x_0-Potenzen und gegebenenfalls Ergänzen durch Nullen Syzygien von $\mathfrak{a}_0$ erhalten. Daher bricht auch eine geeignet gewählte schwache Syzygienkette von $\mathfrak{a}$ spätestens mit dem $(n-1)$-ten Glied ab.

69. Die Zeilenzahl von β^t (= Spaltenzahl von β^{t+1}, sofern β^{t+1} existiert) werde mit $\mu_{t+1} = \mu_{t+1}(\mathfrak{a})$ bezeichnet, mit μ_0 dagegen der Rang von $\mathfrak{a}$, der im allgemeinen mit der Spaltenzahl von β^0 zusammenfallen wird. Diese Größen sind bei Moduln eines (regulären) Stellenringes oder bei homogenen Moduln eines Polynomrings eindeutig durch den Modul bestimmt, während sie bei inhomogenen Moduln noch von der gewählten Syzygienkette abhängen.

Im Falle des maximalen Primideals $\mathfrak{p} = u_1 \cdot s + \cdots + u_n \cdot s$ des regulären Stellenringes s schreiben wir statt $\beta^t(\mathfrak{p})$ stets $\bar{\beta}^t$; hierfür ist $\operatorname{h\,d} \mathfrak{p} = n - 1$, und die Syzygienkette kann so gewählt werden, daß insbesondere

$$\bar{\beta}^{n-1} = \left(u_n, -u_{n-1}, \ldots, (-1)^{n-1} u_1\right) \qquad (*)$$

ist [4]. Es gilt $\mu_i(\mathfrak{p}) = \binom{n}{i-1}$.

Allgemeiner ist für ein Hauptklassenideal $\mathfrak{a}$ der Höhe h $\operatorname{h\,d} \mathfrak{a} = h - 1$, $\mu_i(\mathfrak{a}) = \binom{h}{i-1}$, und für die letzte von Null verschiedene Syzygienmatrix besteht eine zu (*) analoge Darstellung (s. [4], Nr. 24).

2. Syzygien äquivalenter Moduln

70. *Wenn die Vektormoduln $\mathfrak{a}$ und $\mathfrak{a}'$ äquivalent sind, so sind auch ihre Syzygienmoduln äquivalent.*

Beweis: I — Wir bemerken zunächst, daß wir, wenn die Zeilenvektoren der Matrizen B und B_0 denselben Modul erzeugen, durch geeignetes Ergänzen durch Nullen zu Matrizen $\begin{pmatrix}0\\B\end{pmatrix}$ und $\begin{pmatrix}0\\B_0\end{pmatrix}$ gelangen, die durch linksseitige Multiplikation mit einer in A invertierbaren Matrix auseinander hervorgehen. Nach Voraussetzung gibt es nämlich Matrizen C und C_0, deren Elemente in A liegen, mit $CB = B_0$ und $C_0B_0 = B$, und daher ist

$$\begin{pmatrix}E & -C_0\\0 & E'\end{pmatrix}\begin{pmatrix}B\\B_0\end{pmatrix}=\begin{pmatrix}0\\B_0\end{pmatrix},\quad \begin{pmatrix}-C & E'\\E & 0\end{pmatrix}\begin{pmatrix}B\\B_0\end{pmatrix}=\begin{pmatrix}0\\B\end{pmatrix}$$

mit geeigneten Einheitsmatrizen E, E'. Daraus folgt die Behauptung, da die links stehenden Transformationsmatrizen in A invertierbar sind.

II — Es seien β^t, β'^t t-te Syzygienmatrizen von $\mathfrak{a}$ und $\mathfrak{a}'$, deren Äquivalenz bereits nachgewiesen ist. Dann gibt es nach I und Nr. **20** Matrizen

$$B=\begin{pmatrix}E & 0\\0 & 0\\0 & \beta^t\end{pmatrix}\quad\text{und}\quad B'=\begin{pmatrix}E & 0\\0 & 0\\0 & \beta'^t\end{pmatrix},$$

zwischen denen der Zusammenhang $BC = C_1'C$, $BCC' = B$ mit Matrizen C, C' und einer in A invertierbaren Matrix C_1' besteht. Da zu B und B' die Syzygienmatrizen

$$B_1=\begin{pmatrix}0 & E & 0\\0 & 0 & \beta^{t+1}\end{pmatrix}\quad\text{und}\quad B_1'=\begin{pmatrix}0 & E & 0\\0 & 0 & \beta'^{t+1}\end{pmatrix}$$

gehören, hängen die beiden Matrizen in der Weise durch lineare Transformationen miteinander zusammen, wie es bei im engeren Sinne äquivalenten Moduln der Fall sein muß, und das bedeutet gerade nach Nr. **20**, daß die von den Zeilen von β^{t+1} bzw. β'^{t+1} erzeugten Syzygienmoduln äquivalent sind.

Diese Aussage gilt auch noch, wenn wir mit schwachen Syzygienketten arbeiten.

71. Im Hinblick darauf, daß gleichindizierte Syzygienmoduln ein und desselben inhomogenen Moduls über einem Polynomring nicht im engeren Sinne äquivalent zu sein brauchen und daß die Syzygienkette durch passende Wahl der Minimalbasen beliebig lang gemacht werden kann, definieren wir allgemein:

Der Vektormodul $\mathfrak{a}$ hat genau dann die *homologische Dimension* l, wenn eine (schwache) Syzygienkette von $\mathfrak{a}$ so wählbar ist, daß sie mit β^l abbricht, S_l also frei ist, während dies für einen kleineren Index als l nicht möglich ist.

Da ein homogener Modul über einem Polynomring bzw. ein Modul über einem Stellenring, der zu einem freien Modul äquivalent, d. h., projektiver Modul ist, selbst frei ist [28], ist diese Definition in den genannten beiden Fällen wegen Nr. **70** mit folgender gleichbedeutend:

Ein homogener Modul über einem Polynomring oder ein Modul über einem Stellenring hat genau dann die homologische Dimension l, wenn S_l der erste Syzygienmodul ist, der frei ist.

Wenn S_l einem freien Modul äquivalent ist, so erzeugen die Zeilen einer passend gewählten Matrix $\begin{pmatrix} E & 0 \\ 0 & \beta^l \end{pmatrix}$ einen freien Modul, der gleichzeitig Syzygienmodul der $(l-1)$-ten schwachen Syzygienmatrix $\begin{pmatrix} 0 \\ \beta^{l-1} \end{pmatrix}$ ist. Daher gilt allgemein:

Der Vektormodul $\mathfrak{a}$ hat genau dann die homologische Dimension l, wenn S_l der erste Syzygienmodul ist, der projektiv, d. h., einem freien Modul äquivalent ist.

72. Wir wollen noch einen expliziten Zusammenhang zwischen einer nach Nr. **66** definierten sog. starken und einer schwachen Syzygienkette von $\mathfrak{a}$ herstellen und bezeichnen dazu die schwachen Syzygien mit β', die starken mit β. A sei ein Stellenring s.

Indem wir als β^0 eine Matrix aus möglichst wenig Zeilen von β'^0 wählen, aus denen alle anderen linear kombinierbar sind, schließen wir auf die Existenz einer in s invertierbaren Matrix T_0 mit

$$T_0 \beta'^0 = \begin{pmatrix} 0 \\ \beta^0 \end{pmatrix}.$$

(0 Nullmatrix entsprechender Zeilen- und Spaltenzahl.) Aus

$$\beta'^1 \beta'^0 = \beta'^1 T_0^{-1} \cdot T_0 \beta'^0 = \beta'^1 T_0^{-1} \cdot \begin{pmatrix} 0 \\ \beta^0 \end{pmatrix} = 0$$

folgt, daß sich die Zeilen der Matrix $\beta'^1 T_0^{-1}$ aus denen der Matrix $\begin{pmatrix} E & 0 \\ 0 & \beta^1 \end{pmatrix}$ linear kombinieren lassen und umgekehrt, es muß also eine in s invertierbare Matrix T_1 mit

$$T_1 \beta'^1 T_0^{-1} = \begin{pmatrix} E & 0 \\ 0 & 0 \\ 0 & \beta^1 \end{pmatrix}$$

geben. Durch Fortsetzung des Verfahrens folgt die Existenz in s invertierbarer Matrizen T_i mit

$$T_r \beta'^r T_{r-1}^{-1} = \begin{pmatrix} 0 & E & 0 \\ 0 & 0 & 0 \\ 0 & 0 & \beta^r \end{pmatrix}. \qquad (*)$$

(Die Null- und Einheitsmatrizen brauchen nicht gleichgebaut zu sein und können speziell auch nullreihig sein.)

3. Duale Moduln. Ein Hilfssatz

73. Einfach durch Induktion zu beweisen, aber im weiteren für uns sehr wichtig ist der folgende Satz:

Es sei $\mathfrak{a}$ ein k-reihiger Vektormodul mit den Syzygienmatrizen β^t. Dann gibt es zu jedem $a \in \Delta(\mathfrak{a})$ und jedem t Matrizen η_t mit Elementen aus A, so daß

$$\eta_t \beta^t + \beta^{t-1} \eta_{t-1} = a \cdot E$$

ist, wo E eine Einheitsmatrix entsprechender Reihenzahl bedeutet. (In den Grenzfällen sind nichtdefinierte β-Matrizen durch 0 zu ersetzen.)

Beweis: Nach Definition von $\Delta(\mathfrak{a})$ (vgl. Nr. 22) gibt es eine Matrix η_0 mit $\eta_0 \beta^0 = a \cdot E$ (Induktionsanfang $t = 0$). Es sei bereits die Gleichung

$$\eta_t \beta^t + \beta^{t-1} \eta_{t-1} = a \cdot E$$

bewiesen; dann folgt durch Multiplikation mit β^t:

$$(\beta^t \eta_t - a \cdot E)\, \beta^t = 0\ ,$$ [1]

also die Existenz einer Matrix η_{t+1} mit

$$\beta^t \eta_t - a \cdot E = -\eta_{t+1} \beta^{t+1}$$

oder

$$\eta_{t+1} \beta^{t+1} + \beta^t \eta_t = a \cdot E\ .$$

In dem Spezialfall, daß die Syzygienkette mit β^l abbricht, folgt hieraus $\beta^l \eta_l = a \cdot E$.

74. Es sei $l = \mathrm{h\,d}\,\mathfrak{a}$, und die Syzygienkette $\{\beta^t\}$ von $\mathfrak{a}$ breche mit β^l ab. Wir bezeichnen mit $\dot{\mathfrak{a}}$ den μ_{l+1}-reihigen A-Modul, der von den Zeilenvektoren der transponierten Matrix von β^l erzeugt wird und den wir den *dualen A-Modul* von $\mathfrak{a}$ nennen wollen. Dieser Modul ist bis auf Äquivalenz bestimmt, im Falle von Moduln über einem Stellenring oder von homogenen Moduln über einem Polynomring sogar im engeren Sinne.

Nach dem Ergebnis der letzten Nummer gilt dann allgemein

$$\Delta(\dot{\mathfrak{a}}) \supset \Delta(\mathfrak{a})\ .$$

4. Deutung der Zeilenzahlen der Syzygienmatrizen als Modulkettenlängen

75. Wir wollen den Satz von Nr. **73** dazu benutzen, um im Falle eines regulären Stellenringes die Invarianten μ_i durch Längen von $\mathfrak{s}$-Modulketten abzuschätzen.[2]

---

[1]) Natürlich im allgemeinen mit einer Einheitsmatrix E anderer Reihenzahl als oben.

[2]) Der Versuch, die Invarianten μ_i auch für $i \neq n - 1$ als Modulkettenlängen zu deuten, liegt nahe, wenn man die in [4] hergeleitete Rekursionsformel für die Anzahl von Idealen oder Moduln vorgegebener Norm und Minimalbasislänge auf den Fall einer Dimension $n > 2$ verallgemeinern will. Er bringt aber die Schwierigkeit mit sich, daß die dann zu betrachtenden Moduln nicht mehr dem zugrunde gelegten Modulverband angehören.

Es sei $\bar{\mu}_i = \mu_i(\mathfrak{p}) = \binom{n}{i-1}$, C_i der s-Modul der $(\bar{\mu}_i \times k)$-reihigen Matrizen mit Elementen aus s, $C_i(\mathfrak{a})$ der Untermodul derjenigen Matrizen aus C_i, deren Zeilenvektoren in $\mathfrak{a}$ liegen. Das Matrizenprodukt von $\bar{\beta}^{i-1}$ mit den Elementen von C_{i-1} liegt in C_i, so daß $\bar{\beta}^{i-1}\, C_{i-1}$ als Untermodul von C_i aufgefaßt werden kann. Wir ordnen $\mathfrak{a}$ innerhalb des Moduls $C_i/\bar{\beta}^{i-1}\, C_{i-1}$ den Modul $\bar{C}_i(\mathfrak{a}) = \left(C_i(\mathfrak{a}) + \bar{\beta}^{i-1}\, C_{i-1}\right)/\bar{\beta}^{i-1}\, C_{i-1}$ zu. Dann gilt:

Die Invariante μ_i läßt sich in folgender Weise durch eine s-Modul-Kettenlänge abschätzen:

$$\mu_i(\mathfrak{a}) \leqq \left(\frac{\bar{C}_{n-i}(\mathfrak{a})}{\bar{C}_{n-i}(\mathfrak{a}):\mathfrak{p}}\right).$$

Beweis: I — μ_i ist gleich der Zeilenzahl der Matrix β^{i-1}. Da die Elemente der β-Matrizen sämtlich in $\mathfrak{p}$ liegen, läßt sich die l-te Zeile β_l von β^{i-1} in der Form

$$\gamma_i\, \beta^{i-1} = \beta_l = \bar{\beta}^{n-1}\, \gamma_{i-1} \tag{*}$$

mit Matrizen γ_i, γ_{i-1} mit Elementen aus s schreiben (vgl. Nr. 68). Es sei bereits die Gleichung

$$\gamma_{i-t}\, \beta^{i-t-1} = \bar{\beta}^{n-t-1}\, \gamma_{i-t-1}$$

bewiesen; dann folgt durch Multiplikation mit β^{i-t-2}

$$\bar{\beta}^{n-t-1}\, \gamma_{i-t-1}\, \beta^{i-t-2} = 0\,,$$

also

$$\gamma_{i-t-1}\, \beta^{i-t-2} = \bar{\beta}^{n-t-2}\, \gamma_{i-t-2}$$

mit einer Matrix γ_{i-t-2} mit Elementen aus s. Insbesondere wird also für $t+1=i$

$$\gamma_1\, \beta^0 = \bar{\beta}^{n-i}\, \gamma_0\,. \tag{**}$$

Man sieht leicht, daß die Matrix $\gamma_0 \in C_{n-i}$ bis auf einen Summanden der Form $\gamma_1'\, \beta^0 + \bar{\beta}^{n-i-1}\, \gamma_0'$ bestimmt ist. γ_0 legt somit genau ein Element des Restklassenmoduls $C_{n-i}/\left(C_{n-i}(\mathfrak{a}) + \bar{\beta}^{n-i-1}\, C_{n-i-1}\right)$ fest.

Dabei gilt stets

$$\gamma_0 \cdot u_j \in C_{n-i}(\mathfrak{a}) + \beta^{n-i-1}\, C_{n-i-1} \quad \text{für} \quad j = 1, \ldots, n\,.$$

Durch Multiplikation der sich nach Nr. **73** ergebenden Gleichung

$$u_j \cdot E = \gamma_{n-i}\, \bar{\beta}^{n-i} + \bar{\beta}^{n-i-1}\, \eta_{n-i-1}$$

(in der die η-Matrizen noch von j abhängig sind) mit γ_0 folgt nämlich wegen (**)

$$u_j \cdot \gamma_0 = \eta_{n-i}\, \gamma_1\, \beta^0 + \bar{\beta}^{n-i-1}\, \eta_{n-i-1}\, \gamma_0 \,.$$

Daher kann die Restklasse von γ_0 als Element von $\bar{C}_{n-i}(\mathfrak{a}):\mathfrak{p}$ aufgefaßt werden. Da einer Linearkombination von Zeilen β_l offenbar die gleiche Linearkombination der zugehörigen Matrizen γ_0 entspricht, erhalten wir somit einen s-Homomorphismus des von den Zeilen von β^i erzeugten s-Moduls in den s-Modul $(\bar{C}_{n-i}(\mathfrak{a}):\mathfrak{p})/\bar{C}_{n-i}(\mathfrak{a})$.

II — Wir wollen zeigen, daß diese Zuordnung als ein $s/\mathfrak{p}$-Homomorphismus des $s/\mathfrak{p}$-Moduls $S_i/\mathfrak{p} \cdot S_i$ (S_i von den Zeilen von β^i erzeugter Syzygienmodul) in $(\bar{C}_{n-i}(\mathfrak{a}):\mathfrak{p})/\bar{C}_{n-i}(\mathfrak{a})$ aufgefaßt werden kann.

Angenommen, das einer Linearkombination der Zeilen von β^i entsprechende Element γ_0 liege in $C_{n-i}(\mathfrak{a}) + \bar{\beta}^{n-i-1}\, C_{n-i-1}$, es gelte also eine Gleichung der Form

$$\gamma_0 = \bar{\beta}^{n-i-1}\, \gamma_0' + \gamma_1'\, \beta^0$$

mit Matrizen γ' mit Elementen aus s. Dann folgt durch Multiplikation mit $\bar{\beta}^{n-i}$

$$\bar{\beta}^{n-i}\, \gamma_0 = \gamma_1\, \beta^0 = \bar{\beta}^{n-i}\, \gamma_1'\, \beta^0 \,,$$

also eine Gleichung der Form

$$\gamma_1 = \bar{\beta}^{n-i}\, \gamma_1' + \gamma_2'\, \beta^1 \,.$$

Durch Fortsetzen dieser Schlußweise erhält man schließlich

$$\gamma_i = \bar{\beta}^{n-i}\, \gamma_i' + \gamma_{i+1}'\, \beta^i$$

(das letzte Glied entfällt bei $i = n$). Das bedeutet aber, daß die Elemente von γ_i sämtlich in $\mathfrak{p}$ liegen, die Linearkombination (*) der Zeilen von β^i, der γ_0 zugeordnet war, repräsentiert also gerade das Nullelement von $S_i/\mathfrak{p} \cdot S_i$.

III — Indem man die in I geführten Schlüsse, von (**) ausgehend, in umgekehrter Richtung ausführt, gelangt man zu einer Linearkombination (*) der Zeilen von β^i, der gerade das γ_0 in (**) entspricht.

Anmerkung: Bei $i = n$ gilt in der obigen Ungleichung das Gleichheitszeichen. Die Aussage reduziert sich dann auf den bereits in [4], Nr. **23** bewiesenen Satz, daß $\mu_n(\mathfrak{a})$ gleich der Kettenlänge $\left(\frac{\mathfrak{a}}{\mathfrak{a}:\mathfrak{p}}\right)$ ist. Es sei noch bemerkt, daß hieraus leicht die bekannte Tatsache folgt, daß ein Hauptklassenideal lauter irreduzible Primärkomponenten besitzt (vgl. Nr. **69**).

5. Die Syzygienkettenlänge. Perfektheit

76. *Für einen k-reihigen A-Modul* $\mathfrak{a}$ *gilt stets*

$$\mathrm{h\,d}\,\mathfrak{a} \geqq \mathrm{alt}\,\mathfrak{a} - 1 .$$

Beweis: Wenn $\mathfrak{a} = \mathfrak{a}_1 \cap \cdots \cap \mathfrak{a}_t$ eine unverkürzbare Zerlegung von $\mathfrak{a}$ in Primärmoduln $\mathfrak{a}_i$ mit den zugehörigen Primidealen $\mathfrak{p}_i$ ist, so haben wir zu zeigen, daß die Länge der Syzygienkette von $\mathfrak{a}$ für alle i mindestens gleich der Höhe von $\mathfrak{p}_i$ ist. Es möge etwa $\mathfrak{p}_1$ maximale Höhe $= h$ haben. Nach Nr. 8 gibt es dann ein Hauptklassenideal $\mathfrak{b}_1 \subset \mathfrak{p}_1$ der Höhe h, das $\mathfrak{p}_1$ als minimales Primideal besitzt. Für dieses gilt nach Nr. **31** $\mathfrak{a}:\mathfrak{b} \neq \mathfrak{a}$, es gibt also ein Element $\gamma_0 \in A^{(k)}$ mit $\mathfrak{b}_1 \cdot \gamma_0 \subset \mathfrak{a}$, aber $\gamma_0 \notin \mathfrak{a}$. Nun hat $\mathfrak{b}_1$ als Hauptklassenideal eine Syzygienkette, die mit dem $(h-1)$-ten Glied abbricht und bei der wegen ihrer symmetrischen Bauart die Spalten jeder Syzygienmatrix auch alle zwischen den Spalten der folgenden Matrix bestehenden Relationen repräsentieren (vgl. [4], Nr. **24**). Bezeichnen wir diese Syzygienmatrizen von $\mathfrak{b}_1$ mit β', diejenigen einer beliebig gewählten (evtl. schwachen) Syzygienkette von $\mathfrak{a}$ mit β, so bedeutet die obige Aussage das Bestehen einer Gleichung der Form

$$\beta'^0 \gamma_0 = \gamma_1 \beta^0 ,$$

die nach dem Vorbild des Beweises des vorstehenden Satzes

$$\beta'^i \gamma_i = \gamma_{i+1} \beta^i \qquad \text{für } i = 0, 1, 2, \ldots$$

nach sich zieht. Würde die Syzygienkette von $\mathfrak{a}$ eher als die von $\mathfrak{b}_1$ abbrechen, so hätte dies $\beta'^i \gamma_i = 0$ für ein gewisses $i \leqq h-1$ und damit eine Gleichung

$$\gamma_i = \beta'^{i-1} \gamma'_{i-1}$$

und allgemein für $j \leqq i$

$$\gamma_j = \gamma'_j \beta^j + \beta'^{j-1} \gamma'_{j-1}$$

zur Folge. Insbesondere würde also $\gamma_0 = \gamma'_0 \beta^0$ gelten im Widerspruch zur Voraussetzung. Damit ist im Hinblick auf die Definition der homologischen Dimension (Nr. **71**) alles bewiesen.

Anmerkung: Im Falle eines Polynomrings ist der vorstehende Satz wohl zum ersten Mal von GRÖBNER ([6], [7]) für homogene Ideale bewiesen, und zwar unter Verwendung des von ihm eingeführten Begriffs der Primbasis eines Primideals.

77. Nach dem Vorbild von GRÖBNER [6] beweisen wir allgemein:

Ist das Element $\alpha \in A$ *prim zu dem k-reihigen A-Vektormodul* $\mathfrak{a}$ *und in einem nulldimensionalen Primoberideal eines zu* $\dot{\mathfrak{a}}$ *gehörigen Primideals enthalten,*[1]) *so gilt für den Vektormodul* $\mathfrak{a}' = \mathfrak{a} + \alpha + A^{(k)}$:

$$\mathrm{h\,d}\,\mathfrak{a}' = \mathrm{h\,d}\,\mathfrak{a} + 1\,.$$

Beweis: $\{\beta^t\}$ sei eine Folge von (schwachen) Syzygienmatrizen von $\mathfrak{a}$, die mit β^l ($l = \mathrm{h\,d}\,\mathfrak{a}$) abbricht. Dann können wir als Syzygienmatrizen β'^t von $\mathfrak{a}'$ die folgenden wählen:

$$\beta'^0 = \begin{pmatrix} \beta^0 \\ \alpha \cdot E \end{pmatrix}, \quad \beta'^i = \begin{pmatrix} \beta^i & 0 \\ (-1)^i \alpha \cdot E & \beta^{j-1} \end{pmatrix} \quad (i = 1, \ldots, l)\,,$$
$$\beta'^{l+1} = \left((-1)^{l+1} \alpha \cdot E \;\; \beta^l\right),$$

wo E und 0 Einheits- bzw. Nullmatrizen entsprechender Reihenzahlen bedeuten. Aus

$$(\gamma\;\delta)\begin{pmatrix} \beta^0 \\ \alpha \cdot E \end{pmatrix} = \gamma\,\beta^0 + \alpha\,\delta = 0$$

folgt nämlich $\alpha \in \mathfrak{a}$, d. h. $\delta = \delta'\,\beta^0$, also $(\gamma + \alpha\,\delta')\,\beta^0 = 0$ und somit $\gamma + \alpha\,\delta' = \gamma'\,\beta^1$, mithin $(\gamma\;\delta) = (\gamma'\;\delta')\,\beta'^1$ mit Matrizen γ', δ' mit Elementen aus A, und ähnlich leicht ergibt sich die entsprechende Behauptung für die übrigen Matrizen. Daß das Produkt zweier aufeinanderfolgender Matrizen verschwindet, ist unmittelbar zu erkennen.

Da diese Syzygienkette mit dem $(l + 1)$-ten Glied abbricht, ist $\mathrm{h\,d}\,\mathfrak{a}' \leqq \leqq l + 1$.

Wäre $\mathrm{h\,d}\,\mathfrak{a}'$ kleiner als $l + 1$, so wäre für ein $i \leqq l$ der von den Zeilen von β'^i erzeugte Syzygienmodul S'_i einem freien Modul und daher insbesondere S'_{l+1} dem Nullmodul äquivalent. Das würde bedeuten, daß man durch Linearkombination der Spalten von β'^{l+1} die Einheitsmatrix E gewinnen kann, was im Widerspruch zur Wahl von α steht. Damit ist alles bewiesen.

78. Damit können wir in Verallgemeinerung eines von GRÖBNER ([6], [7]) für homogene Ideale in Polynomringen ausgesprochenen Satzes allgemein beweisen:

Ein A-Modul $\mathfrak{a}$ *ist genau dann perfekt, wenn die Länge einer geeignet gewählten Syzygienkette von ihm gleich seiner Höhe ist, d. h., wenn*

$$\mathrm{h\,d}\,\mathfrak{a} = \text{Höhe}\,\mathfrak{a} - 1 \qquad (*)$$

gilt.

---

[1]) Diese zweite Bedingung bedeutet natürlich einfach, daß $\dot{\mathfrak{a}} + \alpha \cdot A^{(k')} \neq \neq A^{(k')}$, wo k' die Reihenzahl von $\dot{\mathfrak{a}}$ bezeichnet, und daher nach Nr. 74 auch $\mathfrak{a} + \alpha \cdot A^{(k)} \neq A^{(k)}$ ist. Sie kann bei einem Modul über einem Stellenring oder bei einem homogenen Modul entfallen, wenn wir verabreden, in diesen Fällen grundsätzlich α aus $\mathfrak{p}$ bzw. als nichtkonstante Form zu wählen. Diese Bemerkung bezieht sich stillschweigend auch auf spätere ähnlich gelagerte Fälle.

Beweis: Da Nr. **76** zufolge stets h d $\mathfrak{a} \geqq$ Höhe $\mathfrak{a} - 1$ ist, kommt es nur auf die Ungleichung h d $\mathfrak{a} \leqq$ Höhe $\mathfrak{a} - 1$ an. Wir führen den Beweis durch Induktion nach der Dimension von $\mathfrak{a}$.

I — Es sei $\mathfrak{a}$ perfekt. Wenn $\mathfrak{a}$ die Höhe n hat, also nulldimensional ist, so ist die Aussage (*) wegen der allgemeinen Ungleichung h d $\mathfrak{a} \leqq n - 1$ (Nr. **67**, **68**, **71**) richtig.

Es sei jetzt $h =$ Höhe $\mathfrak{a} < n$. Nach Definition der Perfektheit (Nr. **46**) gibt es dann ein zu $\mathfrak{a}$ primes Element $\alpha \in A$, das in einem nulldimensionalen Primoberideal eines zu $\dot{\mathfrak{a}}$ gehörigen Primideals enthalten ist (vgl. Nr. **47**), so daß der Modul $\mathfrak{a}' = \mathfrak{a} + \alpha \cdot A^{(k)}$ die Höhe $h + 1$, also eine um 1 kleinere Dimension als $\mathfrak{a}$, hat und perfekt ist. Nach Induktionsvoraussetzung gilt dann h d $\mathfrak{a}' = h$, also nach Nr. **77** h d $\mathfrak{a} = h - 1 =$ $=$ Höhe $\mathfrak{a} - 1$.

II — Es gelte jetzt h d $\mathfrak{a} =$ Höhe $\mathfrak{a} - 1$. Ist dann $\mathfrak{a}$ nulldimensional, so ist $\mathfrak{a}$ nach Definition (Nr. **46**) perfekt. Ist dagegen die Dimension d von $\mathfrak{a}$ größer als 0, also $h =$ Höhe $\mathfrak{a} < n$, so kann $\mathfrak{a}$ Nr. **76** zufolge auch keine nulldimensionale Komponente besitzen, da sonst h d $\mathfrak{a} = n - 1$ wäre. Es gibt somit nach Nr. **46** ein zu $\mathfrak{a}$ primes Element $\alpha \in A$ mit $\dim(\mathfrak{a} + \alpha \cdot A^{(k)}) = d - 1$. Nach Nr. **77** folgt für den Modul $\mathfrak{a}' = \mathfrak{a} +$ $+ \alpha \cdot A^{(k)}$ die Aussage

$$\mathrm{h\,d}\,\mathfrak{a}' \leqq \mathrm{h\,d}\,\mathfrak{a} + 1 = \text{Höhe}\ \mathfrak{a} = \text{Höhe}\ \mathfrak{a}' - 1\,,$$

und wegen der allgemeinen Ungleichung h d $\mathfrak{a}' \geqq$ Höhe $\mathfrak{a}' - 1$ (Nr. **76**) gilt hierin das Gleichheitszeichen. Nach Induktionsvoraussetzung ist also $\mathfrak{a}'$ perfekt. Da dies für jedes Element α mit den genannten Eigenschaften gilt, zieht dies auf Grund der Definition (Nr. **46**) die Perfektheit von $\mathfrak{a}$ nach sich.

79. Aus dem Satz der vorstehenden Nummer ergibt sich, daß man die Definition der Perfektheit (Nr. **46**) folgendermaßen abschwächen kann:

Der Modul $\mathfrak{a}$ *über* A *ist genau dann perfekt, wenn er entweder nulldimensional ist oder wenigstens ein zu* $\mathfrak{a}$ *primes Element* α *aus* A *existiert, das in einem nulldimensionalen Primoberideal eines zu* $\dot{\mathfrak{a}}$ *gehörigen Primideals enthalten ist und für das* $\dim(\mathfrak{a} + \alpha \cdot A^{(k)}) = \dim \mathfrak{a} - 1$ *gilt und* $\mathfrak{a} + \alpha \cdot A^{(k)}$ *perfekt ist.*

Wir wollen zeigen, daß die bei einem inhomogenen Modul an α gestellte Zusatzbedingung wirklich notwendig ist. Wir betrachten dazu das zweidimensionale homogene Ideal

$$\mathfrak{a} = (x_1 x_3, x_2 x_3, x_1 x_4, x_2 x_4) = (x_1, x_2) \cap (x_3, x_4)\,,$$

das imperfekt ist, weil z. B. das mit der zu $\mathfrak{a}$ primen Form $x_1 + x_3$ gebildete eindimensionale homogene Ideal

$$\begin{aligned} \mathfrak{a}_1 &= \mathfrak{a} + (x_1 + x_3) \cdot R \\ &= (x_1, x_2, x_3) \cap (x_1, x_3, x_4) \cap (x_1 + x_3, x_1 x_3, x_2, x_4) \end{aligned}$$

die zu dem nulldimensionalen Primideal (x_1, x_2, x_3, x_4) gehörigen Primärkomponente $(x_1 + x_3, x_1 x_3, x_2, x_4)$ besitzt, also gemischt ist. Dementsprechend ist $\mathrm{h\,d}\,\mathfrak{a} = 2 >$ Höhe $\mathfrak{a} - 1$, und eine Syzygienkette von $\mathfrak{a}$ lautet

$$\beta^0 = \begin{pmatrix} x_1 x_3 \\ x_2 x_3 \\ x_1 x_4 \\ x_2 x_4 \end{pmatrix}, \quad \beta^1 = \begin{pmatrix} x_2 & -x_1 & 0 & 0 \\ 0 & 0 & x_2 & -x_1 \\ x_4 & 0 & -x_3 & 0 \\ 0 & x_4 & 0 & -x_3 \end{pmatrix},$$

$$\beta^2 = (x_4, -x_3, -x_2, x_1),$$

bricht also mit dem Glied β^2 ab.

Auch das inhomogene, aber nicht in (x_1, x_2, x_3, x_4) enthaltene Polynom $1 + x_1$ ist prim zu $\mathfrak{a}$, es erzeugt aber mit $\mathfrak{a}$ zusammen das eindimensionale perfekte Hauptklassenideal $\mathfrak{a}' = \mathfrak{a} + (1 + x_1) \cdot R = (1 + x_1, x_3, x_4)$.

80. Aus Nr. **78** folgt insbesondere, daß jedes Hauptklassenideal perfekt ist (vgl. Nr. **69**). Aus der Perfektheit des Moduls $\mathfrak{a} = \alpha \cdot A^{(k)}$ $(\alpha \neq 0)$ folgt daher nach der Definition von Nr. **46** auch die Perfektheit des Nullmoduls, und dies steht wegen der Vereinbarung $\mathrm{h\,d}(0) = -1$ (Nr. **67**) mit dem Satz von Nr. **78** in Einklang.

Ein k-reihiger Vektormodul $\mathfrak{a}$ vom Rang $r < k$ ist genau dann perfekt, wenn er zum Nullmodul äquivalent ist.

81. Wir geben zwei einfache Anwendungsbeispiele für die syzygientheoretische Charakterisierung der Perfektheit.

Eine Basis eines k-reihigen Vektormoduls der Höhe $\geqq 1$ besteht, da sein Rang $= k$ sein muß, aus mindestens k Elementen. Im Hinblick darauf folgt aus Nr. **78** und **76**:

Ein von k Vektoren erzeugter k-reihiger Vektormodul vom Rang k hat stets die Höhe 1 *und ist perfekt.*

Ein k-reihiger Vektormodul $\mathfrak{a}$ der Höhe $\geqq 2$ wird von wenigstens $k + 1$ Elementen erzeugt; besitzt er eine Basis aus genau $k + 1$ Elementen, so hat er die Höhe 2 *und ist perfekt.*

In diesem Falle ist nämlich jeder Zeilenvektor β mit $\beta\,\beta^0(\mathfrak{a}) = 0$ proportional zu dem aus den k-reihigen Minoren der Matrix β^0 gebildeten Vektor, und da A als Polynomring oder regulärer Stellenring ein ZPE-Ring ist, kommt man für β^1 mit einer einzigen Zeile aus; die Behauptung folgt somit aus Nr. **78** und Nr. **76**.

82. Im Hinblick auf Nr. **76** ist ein perfekter Modul stets notwendig ungemischt. Darüber hinaus gilt:

Wenn der A-Modul $\mathfrak{a}$ perfekt ist, so fallen die zu $\mathfrak{a}$ gehörigen Primideale mit den zu $\Delta(\mathfrak{a})$ gehörigen zusammen.

Da nämlich eine Primärzerlegung $\mathfrak{a} = \mathfrak{a}_1 \cap \cdots \cap \mathfrak{a}_t$ von $\mathfrak{a}$ eine — evtl. kürzbare — Primärzerlegung des Diagonalideals $\Delta(\mathfrak{a}) = \Delta(\mathfrak{a}_1) \cap \cdots \cap \Delta(\mathfrak{a}_t)$ induziert, können die zu $\mathfrak{a}$ gehörigen Primideale nur Oberideale der zu $\Delta(\mathfrak{a})$ gehörigen sein, und es müssen alle zu $\Delta(\mathfrak{a})$ gehörigen wirklich vorkommen. Da aber $\mathfrak{a}$ wegen der Perfektheit ungemischt ist, müssen die zu $\mathfrak{a}$ gehörigen Primideale mit den zu $\Delta(\mathfrak{a})$ gehörigen zusammenfallen.

83. Analog zu Nr. **77** gilt folgender Satz:

Es sei $\mathfrak{a}$ ein perfekter k-reihiger Vektormodul der Höhe h mit perfektem Diagonalideal $\Delta(\mathfrak{a})$, $\mathfrak{a}' = \mathfrak{a} + x \cdot A$ mit $x \in A^{(k)}$ sei von $A^{(k)}$ verschieden und habe eine Höhe $> h$. Dann ist $\mathfrak{a}'$ perfekt und Höhe $\mathfrak{a}' = h + 1$.

Beweis: $\{\beta^t\}$ und $\{\beta^t_\Delta\}$ sei je eine mit dem $(h-1)$-ten Glied abbrechende (schwache) Syzygienkette von $\mathfrak{a}$ bzw. $\Delta(\mathfrak{a})$. Wir wollen eine Syzygienkette $\{\beta'^t\}$ von $\mathfrak{a}'$ konstruieren und wählen

$$\beta'^0 = \begin{pmatrix} \beta^0 \\ \gamma_0 \end{pmatrix} \quad \text{mit } \gamma_0 = x\,.$$

Da $\mathfrak{a}$ als perfekter Modul ungemischt ist, zieht nach Nr. **35** jede Relation $(\gamma\,\delta)\,\beta'^0 = \gamma\,\beta^0 + \delta\,\gamma_0 = 0$ eine Gleichung $\delta = \delta'\,\beta^0_\Delta$ nach sich, und umgekehrt gibt jedes solche δ zu einer derartigen Relation Anlaß. Daher ist

$$\beta'^1 = \begin{pmatrix} \beta^1 & 0 \\ \gamma_1 & \beta^0_\Delta \end{pmatrix} \quad \text{mit } \gamma_1\,\beta^0 + \beta^0_\Delta\,\gamma_0 = 0$$

wählbar. Durch Induktion folgt hieraus sofort allgemein

$$\beta'^t = \begin{pmatrix} \beta^t & 0 \\ \gamma^t & \beta^{t-1}_\Delta \end{pmatrix} \quad \text{mit} \quad \gamma_t\,\beta^{t-1} + \beta^{t-1}_\Delta\,\gamma_{t-1} = 0$$

$$(t = 1, \ldots, h-1)\,,$$

$$\beta'^h = (\gamma_h, \beta^t_\Delta) \quad \text{mit} \quad \gamma_h\,\beta^{h-1} + \beta^{h-1}_\Delta\,\gamma_{h-1} = 0\,.$$

Da h d $\mathfrak{a}' \geqq h$ sein muß (Nr. **76**), so hat dies h d $\mathfrak{a}' = h$, Höhe $\mathfrak{a}' = h + 1$ sowie nach Nr. **78** die Perfektheit von $\mathfrak{a}'$ zur Folge.

84. Für einen perfekten Modul können wir den Satz aus [4], Nr. **23** (vgl. auch hier Nr. **75**) besonders glatt auf Polynomringe und auf Moduln der Dimension > 0 verallgemeinern:

Es sei $\mathfrak{a}$ ein perfekter Modul der Höhe h. $\mathfrak{a} = \mathfrak{a}_1 \cap \cdots \cap \mathfrak{a}_t$ sei seine reduzierte Primärzerlegung, $\mathfrak{P}_1, \ldots, \mathfrak{P}_t$ seien die zugehörigen Primideale. Dann besteht die $(h-1)$-te Syzygienmatrix β^{h-1} von $\mathfrak{a}$ aus mindestens $\operatorname{Max}_i \bar{\mu}_i$ Zeilen mit $\bar{\mu}_i = \left(\frac{\mathfrak{a}_i}{\mathfrak{a}_i : \mathfrak{p}_i}\right)_{\mathfrak{P}_i}$.

Beweis: Es sei etwa $\bar{\mu}_1 = \operatorname{Max} \bar{\mu}_i$. Wir gehen zu dem regulären Stellenring $s_1 = A_{\mathfrak{P}_1}$ mit dem maximalen Primideal $\mathfrak{p}_1 = \mathfrak{P}_1 \cdot s_1$ über. In s_1 stellt die Syzygienkette $\{\beta^j\}$ von $\mathfrak{a}$ eine schwache Syzygienkette von $\mathfrak{a} \cdot s_1 = \mathfrak{a}_1 \cdot s_1$ dar, die mit einer starken $\{\beta'^j\}$ gemäß den Gleichungen von Nr. 72 zusammenhängt. Die Zeilenzahl von β'^{h-1} ist nach Nr. 73 oder [4], Nr. 23 gleich $\bar{\mu}_1$. Daher muß die Zeilenzahl von β^{h-1} mindestens gleich $\bar{\mu}_1$ sein.

In $s_i = A_{\mathfrak{P}_i}$ ist $\dot{\mathfrak{a}}$ natürlich einem $\bar{\mu}_i$-reihigen Modul äquivalent.

Als Folgerung heben wir hervor:

Ist $\mathfrak{a}$ ein perfekter Modul der Höhe h und besteht die Matrix β^{h-1} aus genau einer Zeile, so sind sämtliche Primärkomponenten von $\mathfrak{a}$ irreduzibel.

Die Umkehrung hiervon gilt wohl für nulldimensionale Ideale und Moduln über Stellenringen, sonst jedoch im allgemeinen nicht, wie man etwa am Beispiel des (perfekten) nulldimensionalen Ideals $\mathfrak{a} = (x, y) \cap \cap (x-1, y-1) \cap (x, y-1)$ in $R = k[x, y]$ mit

$$\beta^0 = \begin{pmatrix} x(x-1) \\ x(y-1) \\ y(y-1) \end{pmatrix}, \quad \beta^1 = \begin{pmatrix} y-1 & 1-x & 0 \\ 0 & y & -x \end{pmatrix}$$

oder des eindimensionalen perfekten Ideals $\mathfrak{a} = (u, v) \cap (v, w) \cap (w, u)$ des regulären Stellenrings s mit $\mathfrak{p} = (u, v, w)$ (oder homogenen Ideals im Polynomring $R = k[u, v, w]$) mit

$$\beta^0 = \begin{pmatrix} u\,v \\ v\,w \\ w\,u \end{pmatrix}, \quad \beta^1 = \begin{pmatrix} w & -u & 0 \\ 0 & u & -v \end{pmatrix}$$

erkennt.

Dagegen ist der duale Modul $\dot{\mathfrak{a}}$ eines nulldimensionalen Primärmoduls $\mathfrak{a}$ mit dem zugehörigen Primideal $\mathfrak{P}$ stets zu einem $\bar{\mu}$-reihigen Modul mit $\bar{\mu} = \left(\frac{\mathfrak{a}}{\mathfrak{a} : \mathfrak{P}}\right)$ äquivalent.

6. Umkehrbarkeit der Syzygienkette und Perfektheit

85. Genausogut, wie wir bisher nach den Relationen gefragt haben, denen die Zeilen der t-ten Syzygienmatrix genügen, und aus einer Relationenbasis die Matrix β^{t+1} gewonnen haben, können wir auch nach den Relationen $\beta^t \beta = 0$ fragen, die zwischen den Spalten von β^t bestehen, und eine Minimalbasis (oder allgemeiner eine Basis schlechthin) derartiger Spalten β zu einer Matrix zusammenstellen. Die Kette von Syzygienmatrizen, die wir auf diese Weise erhalten, wollen wir als *rechtsseitige Syzygienkette* bezeichnen, während wir für die bis jetzt betrachteten

Syzygien, wenn es auf den Unterschied ankommt, auch *linksseitige Syzygien* sagen. Entsprechend können wir einem A-Modul $\mathfrak{a}$ zwei homologische Dimensionen zuordnen, die wir erforderlichenfalls durch den Index l und r kennzeichnen ($\mathrm{h\,d_l}\,\mathfrak{a}$ ist die bis jetzt $\mathrm{h\,d}\,\mathfrak{a}$ genannte Größe, $\mathrm{h\,d_r}\,\mathfrak{a}$ die analog definierte Länge einer möglichst kurzen rechtsseitigen (schwachen) Syzygienkette von $\beta^0(\mathfrak{a})$).

Es sei $l = \mathrm{h\,d}\,\mathfrak{a}$ und $\beta^l(\mathfrak{a})$ letzte Syzygienmatrix von $\mathfrak{a}$. Dann liegt die Frage nahe, unter welchen Voraussetzungen eine rechtsseitige Syzygienkette von β^l so gewählt werden kann, daß sie mit einer linksseitigen Syzygienkette von $\mathfrak{a}$ zusammenfällt, wann also mit anderen Worten $\mathrm{h\,d_r}\,S_l = \mathrm{h\,d_l}\,\mathfrak{a}$ (S_l = von den Zeilen von β^l erzeugter l-ter Syzygienmodul von $\mathfrak{a}$) und für die m-te rechtsseitige Syzygienmatrix von S_l gerade β^{l-m} wählbar ist. Bilden die Matrizen β^t in dieser Weise eine (möglicherweise schwache) rechtsseitige Syzygienkette von β^l, die mit β^0 abbricht, so wollen wir sagen, die Syzygienkette $\{\beta^t\}$ von $\mathfrak{a}$ sei *umkehrbar*.

In den folgenden Nummern stellen wir notwendige und hinreichende Bedingungen für die Umkehrbarkeit einer Syzygienkette auf. Von den dabei zu betrachtenden Syzygienketten setzen wir dabei stets stillschweigend voraus, daß sie mit dem l-ten Glied (l = homologische Dimension) abbrechen.

86. Wir bemerken zunächst:

Besitzt der Modul $\mathfrak{a}$ eine umkehrbare Syzygienkette, so ist jede Syzygienkette von $\mathfrak{a}$ umkehrbar.

Die Umkehrbarkeit bedeutet nämlich gerade, daß nicht nur die Zeilenvektoren von β^t für $t > 0$, sondern auch die Spaltenvektoren von β^t für $t < l = \mathrm{h\,d}\,\mathfrak{a}$ einen Primmodul erzeugen (vgl. Nr. **21**), und diese Aussage kommt offenbar allen äquivalenten Moduln eines Moduls gleichzeitig zu.

87. *In einem (regulären) Stellenring $\mathfrak{s}$ ist die Syzygienkette eines perfekten Moduls $\mathfrak{a}$ stets umkehrbar.*

Beweis: Wir führen den Beweis durch Induktion nach der Dimension von $\mathfrak{a}$. Für einen nulldimensionalen Modul $\mathfrak{a}$ haben wir die Behauptung bereits in [5] bewiesen. Die Aussage sei schon für alle Moduln der Dimension $<d$ gezeigt, und $\mathfrak{a}$ habe die Dimension $d > 0$.

Nach Definition der Perfektheit (Nr. **46**) können wir ein zu $\mathfrak{a}$ primes Element $\alpha \in \mathfrak{p}$ wählen, so daß der Modul $\mathfrak{a}' = \mathfrak{a} + \alpha \cdot \mathfrak{s}^{(k)}$ die Dimension $d - 1$ besitzt und perfekt ist. Nach Nr. **77** (und **78**) drückt sich dann eine (schwache) Syzygienkette $\{\beta'^t\}$ von $\mathfrak{a}'$ durch die Syzygienmatrizen β^t von $\mathfrak{a}$ folgendermaßen aus

$$\beta'^0 = \begin{pmatrix} \beta^0 \\ \alpha \cdot E \end{pmatrix}, \quad \beta'^i = \begin{pmatrix} \beta^i & 0 \\ (-1)^i \alpha \cdot E & \beta^{i-1} \end{pmatrix} \quad (i = 1, \ldots, n - d - 1),$$

$$\beta'^{n-d} = \left((-1)^{n-d} \alpha \cdot E \quad \beta^{n-d-1}\right),$$

worin E Einheitsmatrizen entsprechender Reihenzahl darstellen. Nach Induktionsvoraussetzung ist die aufgeschriebene Syzygienkette umkehrbar (vgl. Nr. 86).

Angenommen nun, für einen Spaltenvektor β mit Elementen aus s gelte $\beta^i \beta = 0$ $(i \geqq 1)$. Dann folgt für den passend durch Nullen ergänzten Vektor $\begin{pmatrix}0\\ \beta\end{pmatrix}$:

$$\beta'^{i+1} \cdot \begin{pmatrix}0\\ \beta\end{pmatrix} = 0\,,$$

also nach Induktionsvoraussetzung

$$\begin{pmatrix}0\\ \beta\end{pmatrix} = \beta'^{i} \cdot C = \begin{pmatrix}\beta^i & 0\\ (-1)^i \alpha \cdot E & \beta^{i-1}\end{pmatrix} \cdot \begin{pmatrix}\gamma\\ \delta\end{pmatrix}$$

mit Matrizen C, γ, δ mit Elementen aus s, d. h.

$$\beta^i \gamma = 0\,, \qquad \beta = (-1)^i \alpha \cdot \gamma + \beta^{i-1} \delta\,.$$

γ erfüllt also wieder dieselben Bedingungen wie β. Daraus folgt:

Bilden die Spaltenvektoren $\beta_1, \ldots, \beta_r$ eine Basis für die Lösungen der Gleichungen $\beta^i \beta = 0$, so gelten Gleichungen der Form

$$\beta_l = \alpha \cdot \sum_{j=1}^{r} \gamma_{lj} \beta_j + \beta^{i-1} \delta_l \qquad (l = 1, \ldots, r)$$

mit Matrizen δ_l mit Elementen aus s und mit $\gamma_{lj} \in s$ oder

$$\sum_{j=1}^{r} (\delta_{lj} - \alpha\, \gamma_{lj})\, \beta_j = \beta^{i-1} \delta_l\,.$$

Die Determinante dieses Gleichungssystems hat die Form $1 + \gamma\alpha$ mit $\gamma \in s$, liegt also nicht in $\mathfrak{p}$ und ist somit Einheit. Daher sind die β_j bereits Linearkombinationen der Spalten von β^{i-1} mit Koeffizienten aus s, q. e. d.

88. *Es sei $\mathfrak{a}$ ein perfekter Modul über dem Polynomring R. Dann ist die Syzygienkette von $\mathfrak{a}$ umkehrbar.*

Beweis: I — Wir betrachten zunächst den Fall eines nulldimensionalen Moduls $\mathfrak{a}$. $\mathfrak{a} = \mathfrak{a}_1 \cap \cdots \cap \mathfrak{a}_t$ sei die reduzierte Primärzerlegung von $\mathfrak{a}$ mit den zugehörigen Primidealen $\mathfrak{P}_1, \ldots, \mathfrak{P}_t$; β^j seien die Syzygienmatrizen von $\mathfrak{a}$. Wir gehen zu dem regulären Stellenring $s_i = R_{\mathfrak{P}_i}$ über (vgl. Nr. 4). Dann ergeben die β^j offensichtlich eine schwache Syzygienkette für den Modul $\mathfrak{a}'_i = \mathfrak{a} \cdot s_i$.

Nun ist $\mathfrak{a}'_i$ auch nulldimensional, also perfekt, und daher ist nach Nr. 87 die Syzygienkette $\{\beta^j\}$ in jedem s_i umkehrbar.

Es möge jetzt für einen Spaltenvektor β mit Komponenten aus R die Gleichung $\beta^j \beta = 0$ gelten ($j > 0$). Dann läßt sich nach dem bisher Bewiesenen β in jedem s_i aus den Spalten von β^{j-1} linear kombinieren; es gibt also für $i = 1, \ldots, t$ je ein $\alpha_i \in R$ mit $\alpha_i \notin \mathfrak{P}_i$, so daß

$$\alpha_i \beta = \beta^{j-1} \delta_i$$

mit einer Matrix δ_i mit Elementen aus R ist. Da alle $\mathfrak{P}_i$ nulldimensional sind, α_i nicht in $\mathfrak{P}_i$ liegt und $\Delta(\mathfrak{a}_i)$ Primärideal zum Primideal $\mathfrak{P}_i$ ist, muß $\Delta(\mathfrak{a}_i) + \alpha_i \cdot R = R$ sein, es gelten also Gleichungen

$$\alpha_i' \alpha_i + q_i = 1 \qquad (i = 1, \ldots, t) \qquad (*)$$

mit $q_i \in \Delta(\mathfrak{a}_i)$, $\alpha_i' \in R$. Bildet man das Produkt dieser Gleichungen für $i = 1, \ldots, t$, so erhält man eine Gleichung der Form

$$\alpha + a = 1 \,,$$

wo α eine Linearkombination der α_i mit Koeffizienten aus R und $a \in \Delta(\mathfrak{a}_1) \cdots \Delta(\mathfrak{a}_t) \subset \Delta(\mathfrak{a}_1) \cap \cdots \cap \Delta(\mathfrak{a}_t) = \Delta(\mathfrak{a})$ ist.

Nun gibt es nach Nr. **73** Matrizen η mit Elementen aus R, so daß

$$\eta_j \beta^j + \beta^{j-1} \eta_{j-1} = a \cdot E$$

wird. Durch Multiplikation dieser Gleichung mit β erhalten wir

$$\beta^{j-1} \eta_{j-1} \beta = a \cdot \beta \,.$$

Es ist also nicht nur $\alpha \cdot \beta$, sondern auch $a \cdot \beta$ aus den Spalten von β^{j-1} linear kombinierbar mit Koeffizienten aus R und somit auch $(\alpha + a) \cdot \beta = \beta$. Damit haben wir den ersten Fall erledigt.

II — Es sei jetzt $\mathfrak{a}$ perfekt und von der Dimension $d > 0$. Die Aussage sei bereits für alle Moduln der Dimension $< d$ bewiesen. Wir wenden die Bezeichnungen von Teil I des Beweises an.

Da auch im vorliegenden Falle die sich für $\mathfrak{a}_i'$ ergebende schwache Syzygienkette $\{\beta^j\}$ mit dem Glied β^{n-d-1} abbricht, wo $n - d$ die Höhe von $\mathfrak{a}_i'$ ist, folgt wie unter I nach Nr. **87** zu jedem Spaltenvektor β mit Komponenten aus R und $\beta^j \beta = 0$ für $i = 1, \ldots, t$ die Existenz je eines $\alpha_i \in R$ mit $\alpha_i \notin \mathfrak{P}_i$, so daß $\alpha_i \beta$ in R aus den Spalten von β^{j-1} linear kombinierbar ist. Nach bekannten Schlüssen (vgl. z. B. [22], S. 12) kann man eine Linearkombination α der α_i finden, die in keinem der $\mathfrak{P}_i$ enthalten ist. Gilt dann für alle i die Gleichung $\mathfrak{P}_i + \alpha \cdot R = R$, so kann man wie in Teil I weiterschließen. Anderenfalls ist α prim zu $\mathfrak{a}$, und gleichzeitig gilt nach Nr. **46** für den Modul $\mathfrak{a}' = \mathfrak{a} + \alpha \cdot R^{(k)}$: $\dim \mathfrak{a}' = \dim \mathfrak{a} - 1 = d - 1$, $\mathfrak{a}'$ ist also nach Definition perfekt, und die Induktionsvoraussetzung ist auf $\mathfrak{a}'$ anwendbar.

Daher können wir nach den Überlegungen des Beweises von Nr. 88 schließen, daß $(1+\gamma\cdot\alpha)\,\beta$ aus den Spalten von β^{j-1} linear kombinierbar ist, wo γ ein gewisses Element aus R darstellt. Dieselbe Aussage gilt aber für $\alpha\cdot\beta$ und daher auch für $\gamma\,\alpha\cdot\beta$. Daher ist auch $\beta=(1+\gamma\,\alpha)\,\beta-\gamma\,\alpha\cdot\beta$ aus den Spalten von β^{j-1} linear mit Koeffizienten aus R kombinierbar und der Satz vollständig bewiesen.

89. *Es sei* $\mathfrak{a}$ *k-reihiger Vektormodul über dem regulären Stellenring* $\mathfrak{s}$. *Wenn dann die Syzygienkette von* $\mathfrak{a}$ *umkehrbar ist, so ist* $\mathfrak{a}$ *perfekt.*

Beweis: Wir führen den Beweis durch Induktion nach der homologischen Dimension von $\mathfrak{a}$.

I — $\mathrm{h\,d}\,\mathfrak{a}=n-1$ ist (vgl. Nr. **75** oder [4], Nr. **23**) gleichbedeutend mit $\mathfrak{a}:\mathfrak{p}\neq\mathfrak{a}$. Ist $\mathfrak{a}$ nulldimensional, so haben wir nichts weiter zu beweisen. Anderenfalls bricht die Teilerkette

$$\mathfrak{a}\subset\mathfrak{a}:\mathfrak{p}\subset\mathfrak{a}:\mathfrak{p}^2\subset\cdots$$

nach endlich vielen Schritten mit einem Modul $\mathfrak{a}'\neq\mathfrak{s}^{(k)}$ ab, für den $\mathfrak{a}':\mathfrak{p}=\mathfrak{a}'$, also $\mathrm{h\,d}\,\mathfrak{a}'\leqq n-2$ gilt. Wir können $\mathfrak{a}$ durch eine feine unverkürzbare Modulkette

$$\mathfrak{a}=\mathfrak{a}_m\subset\mathfrak{a}_{m-1}\subset\cdots\subset\mathfrak{a}_0=\mathfrak{a}'$$

mit $\mathfrak{a}'$ verbinden. Nach den in [5], Nr. **4** III durchgeführten Überlegungen kann man $\bar{\beta}^{n-1}$ (s. Nr. **69**) als letzte Syzygienmatrix von $\mathfrak{a}_1$ wählen, $\mathfrak{a}_1$ hat also als dualen Modul $\dot{\mathfrak{a}}_1$ (s. Nr. **74**) das nulldimensionale Ideal $\mathfrak{p}$. In [5], Nr. **4** haben wir auch gezeigt, daß zu $\mathfrak{a}_{i+1}$ eine Matrix der Form $\begin{pmatrix}\bar{\beta}^{n-1} & 0\\ \gamma_{n-1} & \beta^{n-1}\end{pmatrix}$ als letzte Syzygienmatrix gehört, wenn β^{n-1} die letzte Syzygienmatrix von $\mathfrak{a}_i$ ist, und daß die Spalten dieser Matrix einen nulldimensionalen dualen Modul erzeugen, wenn die entsprechende Aussage für β^{n-1} gilt. Daher ist insbesondere $\dot{\mathfrak{a}}$ nulldimensional, nach Nr. **74** (oder nach derselben Überlegung wie eben) auch $\ddot{\mathfrak{a}}$ und wegen der der vorausgesetzten Umkehrbarkeit der Syzygienkette von $\mathfrak{a}$ zufolge geltenden Äquivalenz $\mathfrak{a}\sim\ddot{\mathfrak{a}}$ auch $\mathfrak{a}$ im Widerspruch zur Annahme.

II — Es gelte jetzt $\mathrm{h\,d}\,\mathfrak{a}=l<n-1$, und der Satz sei bereits für alle $\mathfrak{s}$-Moduln bewiesen, deren homologische Dimension größer als l ist. $\dot{\mathfrak{a}}$ sei wiederum der durch die Spalten der letzten Syzygienmatrix β^l von $\mathfrak{a}$ bestimmte duale $\mathfrak{s}$-Modul. Dann kann $\dot{\mathfrak{a}}$ keine nulldimensionale Komponente besitzen, da sonst nach Nr. **76** $\mathrm{h\,d_r}\,S_l=\mathrm{h\,d}\,\dot{\mathfrak{a}}=n-1$ gelten würde, was mit der Umkehrbarkeit der Syzygienkette und der Voraussetzung $\mathrm{h\,d}\,\mathfrak{a}<n-1$ im Widerspruch stände. Wir können daher nach Nr. **46** ein zu $\dot{\mathfrak{a}}$ und zu $\mathfrak{a}$ primes Element $\alpha\in\mathfrak{p}$ finden, so daß der Modul $\mathfrak{a}'=\mathfrak{a}+\alpha\cdot\mathfrak{s}^{(k)}$ eine um 1 geringere Dimension und eine um 1 größere homologische Dimension (Nr. **77**) als $\mathfrak{a}$ besitzt. Eine (schwache) Syzygien-

kette von $\mathfrak{a}'$ hat dann die Gestalt

$$\beta'^0 = \begin{pmatrix} \beta^0 \\ \alpha \cdot E \end{pmatrix}, \quad \beta'^i = \begin{pmatrix} \beta^i & 0 \\ (-1)^i \alpha \cdot E & \beta^{i-1} \end{pmatrix} \; (i = 1, \ldots, l),$$
$$\beta'^{l+1} = \left((-1)^{l+1} \alpha \cdot E \;\; \beta^l\right).$$

Wir behaupten, daß diese Syzygienkette umkehrbar ist. Zunächst folgt nämlich auf Grund der Wahl von α $[\mathfrak{a} : (\alpha \cdot s) = \mathfrak{a}]$ aus einer Relation der Form

$$\beta'^{l+1} \beta = \left((-1)^{l+1} \alpha \cdot E \;\beta^l\right) \cdot \begin{pmatrix} \gamma \\ \delta \end{pmatrix} = 0,$$

d. h.

$$(-1)^l \alpha \gamma = \beta^l \delta,$$

daß γ die Gestalt $\gamma = \beta^l \gamma'$ hat, also

$$\beta^l \left((-1)^l \alpha \gamma'\right) = \beta^l \delta$$

und somit $\delta = (-1)^l \alpha \gamma' + \beta^{l-1} \delta'$ gilt. β läßt sich also aus den Spalten von β'^l kombinieren:

$$\beta = \begin{pmatrix} \gamma \\ \delta \end{pmatrix} = \begin{pmatrix} \beta^l & 0 \\ (-1)^l \alpha \cdot E & \beta^{l-1} \end{pmatrix} \cdot \begin{pmatrix} \gamma' \\ \delta' \end{pmatrix}.$$

Die entsprechende Aussage für die übrigen Syzygienmatrizen β'^i folgt unmittelbar aus der Umkehrbarkeit der Syzygienkette von $\mathfrak{a}$.

Da $\mathrm{h\,d}\,\mathfrak{a}' = \mathrm{h\,d}\,\mathfrak{a} + 1 > l$ ist, können wir die Induktionsvoraussetzung anwenden. $\mathfrak{a}'$ ist also perfekt und somit Nr. **79** zufolge auch $\mathfrak{a}$.

90. *Es sei $\mathfrak{a}$ k-reihiger Vektormodul über dem Polynomring R. Wenn dann eine Syzygienkette von $\mathfrak{a}$ umkehrbar ist, so ist $\mathfrak{a}$ perfekt.*

Beweis: Wenn $\mathfrak{a}$ nulldimensional ist, so sind wir fertig, denn dann ist $\mathfrak{a}$ nach Definition perfekt. $\mathfrak{a}$ möge also eine Dimension $d > 0$ haben, und $\mathfrak{a} = \mathfrak{a}_1 \cap \cdots \cap \mathfrak{a}_t$ mit den zugehörigen Primidealen $\mathfrak{P}_1, \ldots, \mathfrak{P}_t$ sei reduzierte Primärzerlegung von $\mathfrak{a}$. Wäre $\mathfrak{a}$ nicht perfekt, so würde gelten

$$l = \mathrm{h\,d}\,\mathfrak{a} > \text{Höhe}\,\mathfrak{a} - 1 = n - d - 1 \qquad (*)$$

(Nr. **76**, **78**). Wir greifen eine Primärkomponente von $\mathfrak{a}$ von der Dimension d heraus, etwa $\mathfrak{a}_1$, und gehen über zu dem regulären Stellenring $s = R_{\mathfrak{P}_1}$ (Nr. **4**) und dem Modul $\mathfrak{a}' = \mathfrak{a} \cdot s$. Da wegen der Dimensionsbedingung keines der übrigen $\mathfrak{P}_i$ in $\mathfrak{P}_1$ enthalten sein kann, gilt auch $\mathfrak{a}' = \mathfrak{a}_1 \cdot s$ (Nr. **36**), und $\mathfrak{a}'$ ist Primärmodul zu dem Primideal $\mathfrak{p} = \mathfrak{P}_1 \cdot s$, also nulldimensional in s. s hat die Dimension $n - d$, es ist somit

$$\mathrm{h\,d}\,\mathfrak{a}' = n - d - 1. \qquad (**)$$

Die Syzygienkette $\{\beta^j\}$ von $\mathfrak{a}$ bildet auch eine (schwache) Syzygienkette von $\mathfrak{a}'$ in s. Da sie als Syzygienkette von $\mathfrak{a}$ umkehrbar ist, ist sie, wie man leicht sieht, auch als Syzygienkette von $\mathfrak{a}'$ umkehrbar. Andererseits besteht zwischen der schwachen Syzygienkette $\{\beta^j\}$ und einer geeigneten starken Kette $\{\beta'^j\}$ von $\mathfrak{a}'$ der in Nr. **72** beschriebene Zusammenhang, wenn man dort die gestrichenen und ungestrichenen Größen vertauscht. Wegen (*), (**) ist dabei insbesondere β'^{n-d} in der Gleichung für β^{n-d} durch 0 zu ersetzen. Dann gilt aber

$$T_{n-d}\,\beta^{n-d}\,T_{n-d-1}^{-1}\cdot\begin{pmatrix}E & 0\\ 0 & 0\\ 0 & E\end{pmatrix}=0\,,$$

und die Spalten der rechts stehenden Matrix lassen sich nicht durch Linearkombination mit Koeffizienten aus s aus denen der Matrix

$$\begin{pmatrix}0 & E & 0\\ 0 & 0 & 0\\ 0 & 0 & \beta^{n-d-1}\end{pmatrix}$$

gewinnen, da sonst $\Delta(\dot{\mathfrak{a}}')=s$ und somit auch $\Delta(\mathfrak{a}')=s$ gelten müßte. Dieser Widerspruch beweist unseren Satz.

7. Dualitätssatz. Weitere Perfektheitskriterien

91. Wir wollen aus den vorstehenden Sätzen einige Folgerungen ziehen. Dazu bemerken wir zunächst:

Wenn der Modul $\mathfrak{a}$ nicht perfekt ist, so hat sein dualer Modul $\dot{\mathfrak{a}}$ eine größere Höhe als $\mathfrak{a}$.

Beweis: Wir führen den Beweis durch Induktion nach der Dimension d von $\mathfrak{a}$. Für $d=0$ ist nichts zu beweisen. Es sei jetzt $d>0$. Würde dann $\mathfrak{a}$ eine nulldimensionale Komponente besitzen, so wäre nach dem bereits in Nr. **89** verwendeten Ergebnis von [5] jede Lokalisierung von $\dot{\mathfrak{a}}$ nach einem nulldimensionalen Primideal $\mathfrak{P}$ von $\mathfrak{a}$ nulldimensional, während jede andere Lokalisierung nach einem nulldimensionalen Primideal $s^{(k')}$ ergibt (k' = Spaltenzahl von $\dot{\mathfrak{a}}$). Nach Nr. **36** wäre also auch $\dot{\mathfrak{a}}$ selbst nulldimensional, die Behauptung also richtig. Wir können somit annehmen, daß $\mathfrak{a}$ keine nulldimensionale Komponente aufweist und daß $\dot{\mathfrak{a}}$ nicht nulldimensional ist.

Nun sei $d'=\dim\dot{\mathfrak{a}}>0$. Wegen $\Delta(\dot{\mathfrak{a}})\supset\Delta(\mathfrak{a})$ (Nr. **74**) ist $d'\leqq d$. Angenommen, es sei $d'=d$. $\mathfrak{p}_1$ sei ein zu $\dot{\mathfrak{a}}$ gehöriges d-dimensionales Primideal, $\mathfrak{p}_1'$ ein $(d-1)$-dimensionales Primoberideal von $\mathfrak{p}_1$. Nach Nr. **47** können wir dann ein Element $\alpha\in\mathfrak{p}_1'$ finden, das sowohl zu $\mathfrak{a}$ als auch zu den d-dimensionalen Primidealen von $\dot{\mathfrak{a}}$ prim ist, so daß die Moduln $\mathfrak{a}' = \mathfrak{a} + \alpha \cdot A^{(k)}$ und $(\dot{\mathfrak{a}})' = \dot{\mathfrak{a}} + \alpha \cdot A^{(k')}$ die Dimension $d - 1$ besitzen. Nach Nr. **77** hat die letzte Syzygienmatrix von $\mathfrak{a}'$ die Form

$$\beta'^{l+1} = \big((-1)^{l+1}\alpha \cdot E \;\; \beta^l\big) \qquad \text{mit } l = \mathrm{h\,d}\,\mathfrak{a}\,,$$

es ist also

$$(\dot{\mathfrak{a}})' = (\mathfrak{a}')^{\cdot}\,.$$

$(\mathfrak{a}')^{\cdot}$ hat nach Induktionsvoraussetzung eine kleinere Dimension als $\mathfrak{a}'$, womit die Annahme $d' = d$ zum Widerspruch geführt ist.

92. Damit können wir zeigen, daß der in [5] bewiesenene Dualitätssatz allgemein genau für die perfekten Moduln gilt:

Jedem k-reihigen A-Vektormodul $\mathfrak{a}$ läßt sich bis auf Äquivalenz eindeutig ein μ_{l+1}-reihiger A-Modul $\dot{\mathfrak{a}}$ vom Rang μ_{l+1} mit $l = \mathrm{h\,d}\,\mathfrak{a}$ zuordnen, der von den Zeilen der transponierten Matrix einer letzten Syzygienmatrix β^l von $\mathfrak{a}$ erzeugt wird. Diese Abbildung ist genau dann involutorisch:

$$\ddot{\mathfrak{a}} \sim \mathfrak{a}\,,$$

wenn $\mathfrak{a}$ perfekt ist. In diesem Falle ist auch $\dot{\mathfrak{a}}$ perfekt, $l + 1$ ist gleich der Höhe h von $\mathfrak{a}$, und es gilt

$$\mathrm{h\,d}\,\dot{\mathfrak{a}} = \mathrm{h\,d}\,\mathfrak{a}\,, \qquad \text{Höhe}\,\dot{\mathfrak{a}} = \text{Höhe}\,\mathfrak{a}\,, \qquad \Delta(\dot{\mathfrak{a}}) = \Delta(\mathfrak{a})\,.$$

Zu $\mathfrak{a}$ und $\dot{\mathfrak{a}}$ gehören dann dieselben Primideale $\mathfrak{P}_i$, und die Länge der zu einem $\mathfrak{P}_i$ gehörigen Primärkomponente von $\mathfrak{a}$ ist gleich der Länge der zu demselben $\mathfrak{P}_i$ gehörigen Primärkomponente von $\dot{\mathfrak{a}}$.

Ist $\mathfrak{a}$ homogener Modul über einem Polynomring R oder Modul über einem regulären Stellenring s und dabei in $\mathfrak{P} \cdot R^{(k)}$ mit $\mathfrak{P} = x_1 \cdot R + \cdots + x_n \cdot R$ bzw. in $\mathfrak{p} \cdot s^{(k)}$ enthalten, so besteht außerdem zwischen den zugehörigen Invarianten μ_i die Beziehung

$$\mu_i(\dot{\mathfrak{a}}) = \mu_{h-i}(\mathfrak{a}) \qquad (i = 0, 1, \ldots, h)\,.$$

In jedem anderen Falle gelten diese Gleichungen wenigstens für eine passend gewählte, evtl. schwache Syzygienkette von $\mathfrak{a}$ bzw. $\dot{\mathfrak{a}}$.

Beweis: I — Es sei $\mathfrak{a}$ perfekt. Dann ist nach Nr. **87** und **88** jede Syzygienkette von $\mathfrak{a}$ und damit auch eine (schwache) Syzygienkette von $\dot{\mathfrak{a}}$ umkehrbar, $\dot{\mathfrak{a}}$ also nach Nr. **89** und **90** perfekt. Nach Nr. **70** ist damit auch $\ddot{\mathfrak{a}} \sim \mathfrak{a}$. Nach Nr. **74** gilt $\Delta(\dot{\mathfrak{a}}) \supset \Delta(\mathfrak{a}) = \Delta(\ddot{\mathfrak{a}}) \supset \Delta(\dot{\mathfrak{a}})$, also $\Delta(\dot{\mathfrak{a}}) = \Delta(\mathfrak{a})$, und da nach Nr. **34** allgemein Höhe $\mathfrak{a}$ = Höhe $\Delta(\mathfrak{a})$ ist, folgt hieraus auch Höhe $\dot{\mathfrak{a}}$ = Höhe $\mathfrak{a}$. Wegen der Perfektheit von $\mathfrak{a}$ und $\dot{\mathfrak{a}}$ ist damit auch (Nr. **78**) $\mathrm{h\,d}\,\dot{\mathfrak{a}} = \text{Höhe}\,\dot{\mathfrak{a}} - 1 = \text{Höhe}\,\mathfrak{a} - 1 = \mathrm{h\,d}\,\mathfrak{a}$.

II — Aus $\ddot{\mathfrak{a}} \sim \mathfrak{a}$ folgt insbesondere Höhe $\ddot{\mathfrak{a}}$ = Höhe $\mathfrak{a}$. Da bei imperfektem $\mathfrak{a}$ nach Nr. **91** Höhe $\ddot{\mathfrak{a}} \geqq$ Höhe $\dot{\mathfrak{a}} >$ Höhe $\mathfrak{a}$ gelten müßte, zieht $\ddot{\mathfrak{a}} \sim \mathfrak{a}$ die Perfektheit von $\mathfrak{a}$ nach sich.

III — Daß zu $\mathfrak{a}$ und $\dot{\mathfrak{a}}$ dieselben Primideale $\mathfrak{P}_i$ gehören, folgt wegen $\Delta(\dot{\mathfrak{a}}) = \Delta(\mathfrak{a})$ und der Perfektheit von $\mathfrak{a}$ und $\dot{\mathfrak{a}}$ unmittelbar aus Nr. **82**. In dem durch $\mathfrak{P}_i$ bestimmten regulären Stellenring $s_i = A_{\mathfrak{P}_i}$ mit dem maximalen Primideal $\mathfrak{p}_i = \mathfrak{P}_i \cdot s_i$ erzeugen $\mathfrak{a}$ und die zu $\mathfrak{P}_i$ gehörige Primärkomponente $\mathfrak{a}_i$ von $\mathfrak{a}$ denselben $\mathfrak{p}_i$-primären Modul $\mathfrak{b}_i$ (s. Nr. **36**), der dieselbe Länge (s. Nr. **38**) wie $\mathfrak{a}_i$ hat. Eine Syzygienkette $\{\beta'^t\}$ von $\mathfrak{a}$ ergibt in s_i eine schwache Syzygienkette von $\mathfrak{b}_i$, die mit einer starken $\{\beta^t\}$ in dem in Nr. **72** beschriebenen Zusammenhang steht; insbesondere ist also

$$T_{h-1}\,\beta'^{h-1}\,T_{h-2}^{-1} = \begin{pmatrix} 0 & E & 0 \\ 0 & 0 & \beta^{h-1} \end{pmatrix}. \qquad (*)$$

Nach [5] ist der von den Spalten von β^{h-1} erzeugte Modul $\mathfrak{p}_i$-primär (nämlich nulldimensional) und hat dieselbe Länge wie $\mathfrak{b}_i$. Dasselbe trifft offensichtlich auch für den von den Spalten der Matrix (*) erzeugten Modul und somit auch für den hierzu äquivalenten Modul zu, der von den Spalten von β'^{h-1} über s_i erzeugt wird. Letzterer ist aber im wesentlichen gerade der von der $\mathfrak{P}_i$-Komponente von $\dot{\mathfrak{a}}$ über s_i erzeugte Modul, der seinerseits dieselbe Länge wie die $\mathfrak{P}_i$-Komponente von $\dot{\mathfrak{a}}$ selbst besitzt. Damit ist die Gleichheit der Längen bewiesen.

IV — Die zuletzt $\mathfrak{a}$ auferlegten Einschränkungen garantieren, daß alle in den starken Syzygienmatrizen von $\mathfrak{a}$ auftretenden Elemente in $\mathfrak{P}$ bzw. $\mathfrak{p}$ liegen, daß es also nicht möglich ist, durch Linearkombination der Spalten einer Syzygienmatrix einen Vektor zu erhalten, der an einer Stelle eine Einheit als Komponente enthält. Daraus folgt, daß diese Syzygienmatrizen in der umgekehrten Richtung eine starke Syzygienkette für $\dot{\mathfrak{a}}$ bilden. Da die μ_i für homogene Moduln und für Moduln über einem Stellenring eindeutig bestimmt sind (Nr. **69**), folgt hieraus die Behauptung. Die Schlußbemerkung ist trivial.

Anmerkung: Es sei noch darauf hingewiesen, daß die in dem obigen Satz bewiesene Dualität in keiner Weise als ein Homomorphismus des Modulverbandes aufgefaßt werden kann.

93. In Anbetracht von Nr. **91** haben wir damit gleichzeitig bewiesen:

Der Modul $\mathfrak{a}$ ist genau dann perfekt, wenn eine der folgenden Bedingungen erfüllt ist:

$$\text{Höhe}\ \dot{\mathfrak{a}} = \text{Höhe}\ \mathfrak{a}\,,$$

$$\Delta(\dot{\mathfrak{a}}) = \Delta(\mathfrak{a})\,.$$

Dagegen ist die Bedingung $\mathrm{hd}\,\dot{\mathfrak{a}} = \mathrm{hd}\,\mathfrak{a}$ nicht hinreichend für die Perfektheit von $\mathfrak{a}$, denn sie ist stets erfüllt, wenn der Modul $\mathfrak{a}$ eine nulldimensionale Komponente besitzt (vgl. Nr. **67**, **76** und den Beweis zu Nr. **91**).

94. Der duale Modul eines imperfekten Moduls $\mathfrak{a}$ kann perfekt sein, wie z. B. in dem Fall, in dem $\mathfrak{a}$ eine nulldimensionale Komponente besitzt. Umgekehrt lassen sich zu vielen imperfekten Moduln $\mathfrak{b}$ Moduln $\mathfrak{a}$ angeben, zu denen $\mathfrak{b}$ der duale Modul ist, und zwar ist dies genau dann der Fall, wenn die Spaltenvektoren der von einer Basis von $\mathfrak{b}$ gebildeten Matrix einen Primmodul erzeugen. Dagegen gilt, wie unmittelbar durch Induktion aus Nr. **91** folgt:

Hat der Modul $\mathfrak{a}$ die Dimension d, so ist spätestens der durch d-maliges Dualisieren aus $\mathfrak{a}$ hervorgehende und bis auf Äquivalenz eindeutig bestimmte Modul $\overset{(d)}{\mathfrak{a}}$ perfekt.

95. Für den Fall eines Ideals folgt aus Nr. **92**:

Ist das Ideal $\mathfrak{a}$ perfekt und besteht seine letzte Syzygienmatrix aus nur einer Zeile, stellt also $\dot{\mathfrak{a}}$ ebenfalls ein Ideal dar, so ist

$$\dot{\mathfrak{a}} = \mathfrak{a} .$$

Ist $\dot{\mathfrak{a}}$ wenigstens zu einem Ideal äquivalent, so gilt noch

$$\dot{\mathfrak{a}} \sim \mathfrak{a} .$$

Umgekehrt folgt hieraus die Perfektheit von $\mathfrak{a}$.

Es sind also genau diejenigen Ideale selbstdual, die perfekt sind und deren letzte Syzygienmatrix aus genau einer Zeile besteht bzw. deren dualer Modul zu einem Ideal äquivalent ist. Diese Voraussetzung trifft nach Nr. **84** insbesondere auf die nulldimensionalen irreduziblen Primärideale zu.

8. Anwendungen

96. Wir wollen die gewonnenen Sätze anwenden, um Aussagen über Modulquotienten bzw. — allgemeiner — über Homomorphismen von Vektormoduln in Vektormoduln herzuleiten. Dazu beweisen wir zunächst:

Jeder A-Homomorphismus eines k'-reihigen perfekten A-Moduls $\mathfrak{a}'$ der Höhe > 1 in einen k-reihigen A-Modul $\mathfrak{a}$ wird durch eine Zuordnung der Form

$$\beta'^0 \to \beta'^0 C_0 = C_1 \beta^0$$

gegeben, wo C_0 und C_1 geeignete Matrizen mit Elementen aus A sind, und umgekehrt definiert jedes Paar von Matrizen C_0, C_1, das dieser Gleichung genügt, einen A-Homomorphismus von $\mathfrak{a}'$ in $\mathfrak{a}$. (β^0 und β'^0 bezeichnen dabei je eine nullte Syzygienmatrix [etwa Minimalbasis] von $\mathfrak{a}$ bzw. $\mathfrak{a}'$.)

Beweis. Ein derartiger A-Homomorphismus σ ist festgelegt, wenn seine Wirkung auf die Basis β'^0 von $\mathfrak{a}'$ bekannt ist, also durch eine Zuordnung der Form

$$\beta'^0 \overset{\sigma}{\dashrightarrow} C_1 \beta^0 . \qquad (*)$$

Da für $\alpha \in A$, $a' \in \mathfrak{a}'$ gelten soll $(\alpha\, a')^\alpha = \alpha\, a'^\alpha$, definiert (*) genau dann eine eindeutige Zuordnung zu den Elementen von $\mathfrak{a}'$, wenn jede Relation, die zwischen den Zeilen von β'^0 besteht, auch zwischen den Zeilen von $C_1\,\beta^0$ gilt. (Solche Relationen gibt es wegen $\mathrm{h\,d}\,\mathfrak{a} = \text{Höhe}\,\mathfrak{a} - 1 > 0$.) Notwendig und hinreichend hierfür ist das Bestehen der Gleichung

$$\beta'^1\, C_1\, \beta^0 = 0\,.$$

Diese ist aber wegen der Umkehrbarkeit der Syzygienkette (Nr. 87 und 88) gleichbedeutend mit der Existenz einer Matrix C_0 mit Elementen aus A, so daß

$$C_1\, \beta^0 = \beta'^0\, C_0$$

ist. Die Umkehrung ist trivial.

Anmerkung: Die Voraussetzung der Perfektheit ist nur der folgenden Anwendung wegen gemacht, die Aussage bleibt unter viel allgemeineren Bedingungen richtig. Falls die Zeilen von β'^0 über (A) linear unabhängig sind, liefert offensichtlich jede Zuordnung der Form (*) einen A-Homomorphismus.

97. Die Menge der A-Homomorphismen von $\mathfrak{a}'$ in $\mathfrak{a}$ wird in natürlicher Weise zu einem A-Modul, indem wir die Summe zweier A-Homomorphismen der Summe der den einzelnen Homomorphismen zugeordneten Matrizen C_0 bzw. C_1 und das Produkt eines Homomorphismus mit einem Element $\alpha \in A$ den Produkten $\alpha\, C_0$, $\alpha\, C_1$ entsprechen lassen. Diesen Modul bezeichnen wir mit $\mathrm{Hom}\,(\mathfrak{a}', \mathfrak{a})$.

Falls bereits die Zeilen von C_0 in $\mathfrak{a}$ liegen und damit die Spalten von C_1 als Linearkombinationen der Spalten von β'^0 wählbar sind, erhalten wir einen A-Homomorphismus, den wir als trivial bezeichnen wollen. Die Menge der trivialen A-Homomorphismen bildet offensichtlich einen A-Untermodul von $\mathrm{Hom}\,(\mathfrak{a}', \mathfrak{a})$ und werde mit $\mathrm{Hom}\,(\mathfrak{a}', \mathfrak{a})_0$ gekennzeichnet.

In diesem Sinne gilt folgender Satz:

Es seien $\mathfrak{a}$ ein k-reihiger A-Modul, $\mathfrak{a}'$ ein perfekter k'-reihiger A-Modul der gleichen homologischen Dimension > 0. Dann ist der Faktormodul $\mathrm{Hom}\,(\mathfrak{a}', \mathfrak{a})/\mathrm{Hom}\,(\mathfrak{a}', \mathfrak{a})_0$ *der A-Homomorphismen von $\mathfrak{a}'$ in $\mathfrak{a}$ modulo den trivialen A-Homomorphismen isomorph zu* $\mathrm{Hom}\,(\dot{\mathfrak{a}}, \dot{\mathfrak{a}}')/\mathrm{Hom}\,(\dot{\mathfrak{a}}, \dot{\mathfrak{a}}')_0$.

Beweis: Wir bezeichnen die Syzygienmatrizen von $\mathfrak{a}$ mit β, die von $\mathfrak{a}'$ mit β'. Es sei $l = \mathrm{h\,d}\,\mathfrak{a} > 0$.

I — Der vorstehenden Nummer zufolge wird jeder A-Homomorphismus von $\mathfrak{a}'$ in $\mathfrak{a}$ durch eine Zuordnung der Form

$$\beta'^0 \to \beta'^0\, C_0 = C_1\, \beta^0 \tag{1}$$

gegeben. Es sei bereits die Gleichung

$$\beta'^r C_r = C_{r+1} \beta^r \tag{2}$$

bewiesen, dann folgt durch Multiplikation mit β'^{r+1} das Verschwinden von $\beta'^{r+1} C_{r+1} \beta^r$ und damit eine Gleichung der Form

$$\beta'^{r+1} C_{r+1} = C_{r+2} \beta^{r+1} . \tag{3}$$

Insbesondere ist daher

$$\beta'^l C_l = C_{l+1} \beta^l . \tag{4}$$

Durch die Zuordnung

$$\beta^l \to \beta'^l C_l = C_{l+1} \beta^l$$

wird somit ein A-Homomorphismus von $\dot{\mathfrak{a}}$ in $\dot{\mathfrak{a}}'$ definiert.

Die Matrix C_{r+1} ist aus (2) bis auf ein additives Zusatzglied der Form $C'_{r+1} \beta^{r+1}$ bestimmt. Trägt man dementsprechend $C_{r+1} + C'_{r+1} \beta^{r+1}$ statt C_{r+1} in (3) ein, so folgt

$$\beta'^{r+1} (C_{r+1} + C'_{r+1} \beta^{r+1}) = (C_{r+2} + \beta'^{r+1} C'_{r+1}) \beta^{r+2} .$$

Das Zusatzglied auf der rechten Seite fällt aber beim nächsten Schritt automatisch wieder weg. Somit entsteht im allgemeinsten Falle statt (4) eine Gleichung der Form

$$\beta'^l (C_l + C'_l \beta^l) = (C_{l+1} + \beta'^l C'_l) \beta^l .$$

Das läuft auf eine Abänderung des durch (4) gegebenen Homomorphismus um einen trivialen Homomorphismus hinaus. Da sich bei einer Abänderung des ursprünglichen Homomorphismus von $\mathfrak{a}'$ in $\mathfrak{a}$ um einen trivialen, d. h. bei einer Abänderung von C_1 um einen Summanden der Form $\beta'^0 C'_1$, an den weiteren Gleichungen offensichtlich nichts ändert und die Zuordnung außerdem linear ist, erhalten wir also einen Homomorphismus von $\mathrm{Hom}(\mathfrak{a}', \mathfrak{a})/\mathrm{Hom}(\mathfrak{a}', \mathfrak{a})_0$ in $\mathrm{Hom}(\dot{\mathfrak{a}}, \dot{\mathfrak{a}}')/\mathrm{Hom}(\dot{\mathfrak{a}}, \dot{\mathfrak{a}}')_0$.

II — Angenommen, dem ursprünglichen A-Homomorphismus werde ein trivialer Homomorphismus zugeordnet, es gelte also eine Gleichung der Form

$$C_{l+1} = C'_{l+1} \beta^{l+1} + \beta'^l C'_l \qquad (\beta^{l+1} = 0) .$$

Es sei bereits bewiesen

$$C_{r+2} = C'_{r+2} \beta^{r+2} + \beta^{r+1} C'_{r+1} ;$$

dann folgt durch Multiplikation mit β'^{r+1} unter Benutzung von (3)

$$\beta'^{r+1} C_{r+1} = C_{r+2} \beta^{r+1} = \beta'^{r+1} C'_{r+1} \beta^{r+1} ,$$

wegen der Umkehrbarkeit der Syzygienkette von $\mathfrak{a}'$ (vgl. Nr. 87, 88) demnach auch

$$C_{r+1} = C'_{r+1} \beta^{r+1} + \beta'^r C'_r .$$

Insbesondere ist also $C_0 = C_0' \beta^0$, auch der ursprüngliche Homomorphismus war also trivial.

Es liegt somit ein Isomorphismus von Hom $(\mathfrak{a}', \mathfrak{a})$/Hom $(\mathfrak{a}', \mathfrak{a})_0$ in Hom $(\dot{\mathfrak{a}}, \dot{\mathfrak{a}}')$/Hom $(\dot{\mathfrak{a}}, \dot{\mathfrak{a}}')_0$ vor.

III — Gehen wir umgekehrt von einem Homomorphismus von $\dot{\mathfrak{a}}$ in $\dot{\mathfrak{a}}'$, also von einer Gleichung der Form (4) aus, so können wir wegen der Umkehrbarkeit der Syzygienkette von $\mathfrak{a}'$ die vorher aufgeschriebenen Gleichungen in umgekehrter Richtung durchlaufen und gelangen dabei zu einem Homomorphismus von $\mathfrak{a}'$ in $\mathfrak{a}$, dem gerade der Homomorphismus von $\dot{\mathfrak{a}}$ in $\dot{\mathfrak{a}}'$ zugeordnet ist. Damit ist gezeigt, daß es sich hierbei um einen Epimorphismus handelt, und somit alles bewiesen.

Anmerkung: Die Aussage in [4], Nr. **23** ist offenbar ein Spezialfall des vorstehenden Satzes mit dem perfekten Hauptklassenideal $\mathfrak{a}' = \mathfrak{p}$.

98. Handelt es sich bei $\mathfrak{a}$ und $\mathfrak{a}'$ um Ideale, so kann offensichtlich Hom $(\mathfrak{a}', \mathfrak{a})$ in kanonischer Weise mit $\mathfrak{a} : \mathfrak{a}'$ und Hom $(\mathfrak{a}', \mathfrak{a})_0$ mit $\mathfrak{a}$ identifiziert werden. Wir erhalten somit die Aussage:

Haben die Ideale $\mathfrak{a}$ und $\mathfrak{a}'$ die gleiche homologische Dimension $l > 0$, ist $\mathfrak{a}'$ perfekt und gilt $\mu_{l+1}(\mathfrak{a}) = \mu_{l+1}(\mathfrak{a}') = 1$, so besteht die Isomorphie

$$(\mathfrak{a}:\mathfrak{a}')/\mathfrak{a} \cong (\mathfrak{a}':\dot{\mathfrak{a}})/\mathfrak{a}'$$

(vgl. Nr. **95**). *Ist auch $\mathfrak{a}$ perfekt, so gilt also*

$$(\mathfrak{a}:\mathfrak{a}')/\mathfrak{a} \cong (\mathfrak{a}':\mathfrak{a})/\mathfrak{a}' .$$

(Für $l = 0$ ergibt sich diese Aussage unmittelbar aus der Tatsache, daß A ZPE-Ring ist.)

Hieraus folgt:

Sind $\mathfrak{a}$ und $\mathfrak{a}'$ irreduzible nulldimensionale Ideale eines regulären Stellenrings, so gilt für die Kettenlängen

$$\left(\frac{\mathfrak{a}}{\mathfrak{a}:\mathfrak{a}'}\right) = \left(\frac{\mathfrak{a}'}{\mathfrak{a}':\mathfrak{a}}\right).$$

V. ZUSAMMENHANG ZWISCHEN SYZYGIENTHEORIE UND THEORIE DES INVERSEN SYSTEMS

1. Das inverse System der Syzygienmoduln von Hauptklassenidealen

99. Wir wollen in diesem Kapitel Zusammenhänge zwischen der Syzygienkette eines Moduls und seinem inversen System aufdecken, die überdies den zuerst in [5] bewiesenen und hier in Nr. **92** verallgemeinerten Dualitätssatz in ein neues Licht setzen.

Wir beginnen mit einer Aussage über die inversen Systeme der Syzygienmoduln von Hauptklassenidealen, die z. B. von Nutzen sind, wenn man Sätze von der Art, wie sie in Nr. 75 bewiesen worden sind, auf inverse Systeme übertragen will, und beweisen dazu zunächst zwei Hilfssätze.

100. *Es sei* $\mathfrak{a} = a_1 \cdot A + a_2 \cdot A$ $(a_i \in A)$ *ein Hauptklassenideal der Höhe* 2, *und für die inversen Systeme der Vektormoduln* $\mathfrak{b}_1, \mathfrak{b}_2$ *gelte*

$$\check{\mathfrak{b}}_1 \circ a_2 = \check{\mathfrak{b}}_2 \circ a_1 . \qquad (*)$$

Dann ist

$$(\mathfrak{b}_1 \cdot a_1 + \mathfrak{b}_2 \cdot a_2)^{\vee} \circ a_i = \check{\mathfrak{b}}_i \qquad (i = 1, 2) . \qquad (**)$$

Beweis: Die Voraussetzung (*) ist nach Nr. 50 mit

$$\mathfrak{b}_1 : \mathfrak{a}_2 = \mathfrak{b}_2 : \mathfrak{a}_1 \qquad (\mathfrak{a}_i = a_i \cdot A) \qquad (+)$$

gleichbedeutend, während aus demselben Grunde die zu beweisenden Gleichungen (**) zu

$$(\mathfrak{b}_1 \cdot a_1 + \mathfrak{b}_2 \cdot a_2) : \mathfrak{a}_i = \mathfrak{b}_i \qquad (i = 1, 2) \qquad (++)$$

äquivalent sind. Es genügt offenbar, die erste Gleichung von (++) zu beweisen.

Es sei $x \in A^{(k)}$ in der linken Seite dieser Beziehung enthalten, d. h.

$$x \cdot a_1 = b_1 \cdot a_1 + b_2 \cdot a_2 \qquad \text{mit } b_i \in \mathfrak{b}_i$$

oder

$$(x - b_1) \cdot a_1 - b_2 \cdot a_2 = 0 .$$

Da $\mathfrak{a}$ Hauptklassenideal ist, folgt hieraus die Existenz eines Vektors $c \in A^{(k)}$ mit

$$x - b_1 = a_2 \cdot c , \qquad b_2 = a_1 \cdot c .$$

Dies zieht aber wegen (+) $c \cdot a_2 \in \mathfrak{b}_1$ und damit $x \in \mathfrak{b}_1$ nach sich.

Die umgekehrte Inklusion ist trivial.

101. *Es seien* $\check{b}_1, \check{b}_2$ *Elemente von* $\check{A}^{(k)}$ *und* $a_1, a_2 \in A$ *Erzeugende eines Hauptklassenideals* $\mathfrak{a}$ *der Höhe* 2. *Wenn dann*

$$\check{b}_1 \circ a_2 = \check{b}_2 \circ a_1 \qquad (*)$$

gilt, so gibt es ein $\check{c} \in \check{A}^{(k)}$ *mit*

$$\check{b}_1 = \check{c} \circ a_1 , \qquad \check{b}_2 = \check{c} \circ a_2 . \qquad (**)$$

Beweis: Nach einer allgemeinen Bemerkung (s. Nr. 51) hat $\check{b}_2$ die Form $\check{b}_2 = \check{x} \circ a_2$ mit $\check{x} \in \check{A}^{(k)}$. Wir setzen $\check{c}$ in der Form $\check{c} = \check{x} + \check{y}$ mit

$\breve{y} \in \breve{A}^{(k)}$ an. Dann geht die Forderung (**) in

$$\breve{y} \circ a_1 = (\breve{b}_1 - \breve{x} \circ a_1) \equiv \breve{b}'_1 ,$$
$$\breve{y} \circ a_2 = 0$$

und die Kompatibilitätsbedingung (*) in die Bedingung

$$\breve{b}'_1 \circ a_2 = 0 \circ a_1 = 0$$

über, die gleichzeitig garantiert, daß $\breve{b}'_1$ das inverse System eines Moduls $\mathfrak{b}'_1$ erzeugt (s. Nr. **63**). Der vorstehende Hilfssatz, auf die Moduln $\mathfrak{b}'_1$ und $\mathfrak{b}'_2 = (0)$ angewendet, beweist die Lösbarkeit der Gleichungen (+).

102. Damit können wir folgenden Zusammenhang zwischen dem inversen System und den Syzygienmatrizen beweisen:

Wenn $\mathfrak{a}$ ein Hauptklassenideal der Höhe h mit den Syzygienmatrizen β^j ist, so hat für $t = 0, 1, \ldots, h - 2$ jeder Zeilenvektor β mit Komponenten aus $\breve{A}$, für den $\beta \circ \beta^t = 0$ gilt, die Gestalt $\beta = \eta \circ \beta^{t+1}$, wobei η ein passender Zeilenvektor mit Komponenten aus $\breve{A}$ ist. (Es ist natürlich $(A \circ \beta^{t+1}) \circ \beta^t = 0$.)

Beweis: I — Wir betrachten zunächst den Fall $t = 0$ und führen den Beweis durch Induktion nach h. Für $h = 2$ ist die Behauptung nach Nr. **101** richtig, für $h = 1$ ist nichts zu beweisen.

Es sei jetzt $\mathfrak{a}' = a_1 \cdot A + \cdots + a_h \cdot A$ ein Hauptklassenideal der Höhe $h > 2$, und die Erzeugenden seien so gewählt, daß auch $\mathfrak{a} = a_1 \cdot A + \cdots + a_{h-1} \cdot A$ Hauptklassenideal ist. Dann besteht zwischen den zugehörigen Syzygienmatrizen (β von $\mathfrak{a}$ und β' von $\mathfrak{a}'$) nach Nr. **77** der Zusammenhang

$$\beta'^0 = \begin{pmatrix} \beta^0 \\ a_h \end{pmatrix}, \quad \beta'^1 = \begin{pmatrix} \beta^1 & 0 \\ - a_h \cdot E & \beta^0 \end{pmatrix}.$$

Eine Relation $\beta \circ \beta' = 0$ läßt sich daher mit $\beta = (\gamma\ \delta)$ in der Form

$$\gamma \circ \beta^0 + \delta \circ a_h = 0$$

schreiben. Nach einer allgemeinen Bemerkung (s. Nr. **51**) können wir δ in der Form $\delta = \delta' \circ \beta^0$ mit einem Vektor δ' mit Komponenten aus $\breve{A}$ ansetzen und erhalten

$$(\gamma + a_h \circ \delta') \circ \beta^0 = 0 ,$$

also nach Induktionsvoraussetzung

$$\gamma = \gamma' \circ \beta^1 - a_h \circ \delta' \qquad (\gamma' \text{ Matrix mit Elementen aus } \breve{A}).$$

Es ist somit

$$\beta = (\gamma\, \delta) = (\gamma'\, \delta') \circ \begin{pmatrix} \beta^1 & 0 \\ -a_h \cdot E & \beta^0 \end{pmatrix},$$

also in der Tat $\beta = \eta \circ \beta'^1$ mit $\eta = (\gamma'\, \delta')$.

II — Wir beweisen jetzt die Behauptung für $t > 0$ durch Induktion nach h und wenden die Bezeichnungen von I an. Es ist nach Nr. 77

$$\beta'^t = \begin{pmatrix} \beta^t & 0 \\ (-1)^t\, a_h \cdot E & \beta^{t-1} \end{pmatrix}.$$

Eine Relation $\beta \circ \beta'^t = 0$ mit $\beta = (\gamma\ \ \delta)$ hat daher

$$\gamma \circ \beta^t + (-1)\, a_h \circ \delta = 0\,,$$
$$\delta \circ \beta^{t-1} = 0$$

zur Folge. Die letzte Gleichung ist mit $\delta = \delta' \circ \beta^t$ gleichbedeutend. In die vorhergehende Gleichung eingesetzt, ergibt sich

$$\bigl(\gamma + (-1)^t\, a_h \circ \delta'\bigr) \circ \beta^t = 0\,,$$

was

$$\gamma = (-1)^{t+1}\, a_h \circ \delta' + \gamma' \circ \beta^{t+1}$$

nach sich zieht, d. h.

$$\beta = (\gamma\ \ \delta) = (\gamma'\ \ \delta') \circ \begin{pmatrix} \beta^{t+1} & 0 \\ (-1)^{t+1}\, a_h \cdot E & \beta^t \end{pmatrix}.$$

Damit ist der Satz bewiesen.

103. In dem vorstehenden Satz haben wir nicht von der syzygientheoretischen Charakterisierung der Perfektheit Gebrauch gemacht. Er ergibt sich, wenn wir noch ausnutzen, daß die Aussage $(\mathfrak{a}:\mathfrak{b})^{\vee} = \check{\mathfrak{a}} \circ \mathfrak{b}$ auch gilt, wenn $\mathfrak{a}$ Ideal und $\mathfrak{b}$ Vektormodul ist (s. Fußnote 2 zu Nr. **61**), als Spezialfall der folgenden Aussage:

Es sei $\mathfrak{a}$ ein perfekter Modul der Höhe $h \geqq 2$ mit den Syzygienmatrizen β^t. Ist dann β ein Zeilenvektor mit Elementen aus $\check{A}$, für den $\beta \circ \beta^t = 0$ gilt, so ist β bei $0 \leqq t \leqq h - 2$ Linearkombination der Zeilen von β^{t+1} mit Koeffizienten aus $\check{A}$:

$$\beta = \beta' \circ \beta^{t+1}\,.$$

(Die Umkehrung ist trivial).

Beweis: S_t sei der (von den Zeilen von β^t erzeugte) t-te Syzygienmodul von $\mathfrak{a}$, S_t^{T} der von den Spalten von β^t erzeugte Vektormodul. Dann ist

$$\check{A} \circ S_{t+1} = \bigl((0):S_{t+1}\bigr)^{\vee} = (S_t^{\mathsf{T}})^{\vee}\,,$$

letzteres wegen der Umkehrbarkeit der Syzygienkette (Nr. 87—88). Da β als Element von $(S_t^{\mathsf{T}})^{\vee}$ aufgefaßt werden kann, ist damit die Behauptung beweisen.

2. Beweis der Beziehung $\beta^n = \beta^{-1}$ für Ideale

104. In dem vorstehenden Paragraphen haben wir gesehen, daß die inversen Systeme der Moduln S_t^{T} eines perfekten Moduls der Höhe h für $t \leqq h - 2$ nicht wesentlich verschieden von den Syzygienmoduln S_{t+1} sind. Interessantere Beziehungen ergeben sich für den Grenzfall $t = h - 1$, dem wir uns jetzt zuwenden wollen.

Wir beginnen mit der Betrachtung nulldimensionaler Ideale $\mathfrak{a}$. Für diese bricht die Syzygienkette mit der Matrix β^{n-1} ab, deren Spalten, als Zeilenvektoren geschrieben, eine Basis des dualen Moduls $\dot{\mathfrak{a}}$ bilden. Indem wir die von einer Minimalbasis des inversen Systems $(\dot{\mathfrak{a}})^{\vee}$ von $\dot{\mathfrak{a}}$ aufgespannte Matrix stürzen, erhalten wir eine Matrix β^n (minimaler Zeilenzahl) mit Elementen aus $\check{A}$, für die $\beta^n \circ \beta^{n-1} = 0$ gilt und aus der sich alle Vektoren β mit Elementen aus $\check{A}$ und mit der Eigenschaft $\beta \circ \beta^{n-1} = 0$ durch Linearkombination mit Koeffizienten aus A gewinnen lassen. Hierfür gilt:

Im Falle eines nulldimensionalen Ideals $\mathfrak{a}$ kann man als β^n eine aus einer Zeile bestehende Matrix wählen, und es gilt

$$\beta^0 \circ \beta^n = 0 \, .$$

Beweis: I — Da wegen der Perfektheit von $\mathfrak{a}$ die Syzygienkette von $\mathfrak{a}$ umkehrbar ist (Nr. 87—88), ergibt sich als $(n-1)$-te Syzygienmatrix von $\dot{\mathfrak{a}}$ die gestürzte Matrix (Zeilenvektor $(\beta^0)^{\mathsf{T}}$). Nach Nr. 84 sind somit sämtliche Primärkomponenten von $\dot{\mathfrak{a}}$ irreduzibel, das inverse System von $\dot{\mathfrak{a}}$ läßt sich also gemäß Nr. 65 bereits von einem einzigen Vektor erzeugen, d. h., β^n besteht aus einer Zeile.

II — Nach Nr. 74 existiert zu jedem $a \in \mathfrak{a}$ eine Matrix η mit $\beta^{n-1}\eta = a \cdot E$ (E Einheitsmatrix). Daher ist $\beta^n \circ a = 0$ für jedes $a \in \mathfrak{a}$, und das ist mit der Matrizengleichung $\beta^0 \circ \beta^n = 0$ gleichbedeutend.

105. *Im Falle eines nulldimensionalen Ideals $\mathfrak{a}$ erzeugen die Elemente der (einzeiligen) Matrix β^n gerade das inverse System von $\mathfrak{a}$.*

Beweis: Dem vorstehenden Satz zufolge sind die Elemente von β^n in dem inversen System $\check{\mathfrak{a}}$ von $\mathfrak{a}$ enthalten, sie erzeugen also nach Nr. 63 das inverse System eines Oberideals $\mathfrak{a}'$ von $\mathfrak{a}$. Angenommen, der Satz sei falsch, und $\mathfrak{a}$ sei maximal unter allen Idealen, für die der Satz nicht zutrifft. Wir bezeichnen die zu $\mathfrak{a}$ gehörigen Matrizen mit β, die zu $\mathfrak{a}'$ gehörigen mit β'. Dann ist $\mathfrak{a}'$ echtes (nulldimensionales) Oberideal von $\mathfrak{a}$, und jedes Element $a' \in A$ mit $a' \circ \beta^n = 0$ ist Linearkombination der

Zeilen von β'^0. Umgekehrt ist auf Grund der Eigenschaften des inversen Systems jedes $\breve{a} \in A$ mit $\beta'^0 \circ \breve{a} = 0$ Linearkombination der Elemente von β^n. Der Maximalitätsforderung zufolge ist auch jedes $a' \in A$ mit $a' \circ \beta'^n = 0$ Linearkombination der Zeilen von β'^0. Das ist nur dann möglich, wenn die Elemente von β^n und die von β'^n dasselbe inverse System erzeugen, wenn also $\mathfrak{a}' = \mathfrak{a}$ ist. Dieser Widerspruch beweist unseren Satz.

106. Dieses Ergebnis legt es nahe, allgemein die Erzeugenden des inversen Systems $\breve{\mathfrak{a}}$ eines Moduls $\mathfrak{a}$ in einer Matrix β^{-1} anzuordnen, so daß also $\beta^0 \circ \beta^{-1} = 0$ gilt und den Eigenschaften des inversen Systems zufolge β^0 eine Basis für alle Relationen $\beta \circ \beta^{-1} = 0$ und β^{-1} eine für alle Relationen $\beta^0 \circ \beta = 0$ bildet (Elemente von β in A bzw. in $\breve{A}$). Wir werden deshalb die Matrizen β^{-1} und β^n mit als Glieder einer *verallgemeinerten Syzygienkette* ansehen und können nach Nr. **105** und Nr. **87—88** im Hinblick auf die Erklärung der Umkehrbarkeit der Syzygienkette (Nr. **85**) sagen:

Die verallgemeinerte Syzygienkette eines nulldimensionalen Ideals $\mathfrak{a}$ ist umkehrbar. Ihre Syzygienmatrizen können so gewählt werden, daß $\beta^n = \beta^{-1}$ ist.

3. Verallgemeinerung auf Vektormoduln

107. Wir wollen das im vorigen Paragraphen erhaltene Ergebnis auf Vektormoduln verallgemeinern. Dazu zeigen wir:

Man kann die verallgemeinerten (evtl. schwachen) Syzygienmatrizen β^t eines k-reihigen nulldimensionalen Vektormoduls $\mathfrak{a}$ so wählen, daß $\beta^n = \beta^{-1}$ ist.

Beweis: Der Beweisgedanke beruht darauf, daß einerseits der duale Modul $\dot{\mathfrak{a}}$ eines irreduziblen Moduls $\mathfrak{a}$ zu einem Ideal äquivalent ist, die Behauptung hierfür also aus der vorstehenden Nummer folgt, wenn man die dortige Syzygienkette in umgekehrter Richtung durchläuft. Andererseits kann man allgemein nach der in [5] angewendeten Methode durch Induktion nach der Länge zeigen, daß der zu einer Matrix β^n (als inverses System β'^{-1} aufgefaßt) gehörige Modul $\mathfrak{a}'$ dieselbe Länge wie $\mathfrak{a}$ hat und sich so wählen läßt, daß er in einem selben unmittelbaren Obermodul wie $\mathfrak{a}$ enthalten ist. Ist also $\mathfrak{a}$ reduzibel, so wird damit $\mathfrak{a}'$ als Durchschnitt zweier Obermoduln von $\mathfrak{a}$ festgelegt. Dazu muß aber sichergestellt werden, daß man, wenn $\mathfrak{a}'$ bereits als Untermodul eines unmittelbaren Obermoduls von $\mathfrak{a}$ erkannt ist, nicht erst zu einem zu $\mathfrak{a}'$ äquivalenten Modul übergehen muß, damit diese Aussage auch für einen zweiten unmittelbaren Obermoldul von $\mathfrak{a}$ zutrifft. Schließlich ergeben sich noch gewisse Komplikationen daraus, daß die Elemente der Syzygienmatrizen nicht sämtlich in ein und demselben Primideal von A enthalten zu sein brauchen. —

I — Man bestätigt sofort, daß die Behauptung, wenn sie für den Modul $\mathfrak{a}$ richtig ist, auch für eine direkte Summe $\mathfrak{a} \oplus A \oplus \cdots \oplus A$ zutrifft. Daher gilt die Aussage wegen Nr. **106** insbesondere für jeden nulldimensionalen Vektormodul, der zu einem (nulldimensionalen) Ideal äquivalent ist. Es ist trivial, daß der Satz mit $\mathfrak{a}$ auch für jeden zu $\mathfrak{a}$ im strengen Sinne äquivalenten Modul (s. Nr. **20**) richtig ist.

II — Bei $n = 1$ ist die Behauptung trivial, denn dann ist A Hauptidealring, und wir können durch Übergang zu einem (im engeren Sinne) äquivalenten Modul und geeignete Basiswahl erreichen, daß β^0 eine quadratische Diagonalmatrix wird. Da jedes Diagonalelement ein Ideal erzeugt, dessen Primärkomponenten irreduzibel sind, können wir nach Nr. **65** auch β^{-1} als Diagonalmatrix wählen. Daraus folgt unmittelbar die Behauptung.

III — Die Behauptung ist ferner richtig für einen Modul $\mathfrak{a}$ der Länge 1. Ein solcher ist nämlich notwendig Primmodul zu einem Primideal $\mathfrak{p}$ [1]), und indem wir nötigenfalls zu einem (im engeren Sinne) äquivalenten Modul übergehen, können wir annehmen, daß β^0 die Gestalt

$$\beta^0 = \begin{pmatrix} \bar{\beta}^0 & 0 \\ 0 & E \end{pmatrix}$$

hat, wo mit $\bar{\beta}^i$ die Syzygienmatrizen von $\mathfrak{p}$ bezeichnet sind. Dann wird

$$\beta^1 = (\bar{\beta}^1 \; 0)\,, \qquad \beta^t = \bar{\beta}^t \qquad (t = 2, \ldots, n-1)\,.$$

Nach Nr. **106** ist $\bar{\beta}^n = \bar{\beta}^{-1}$, und indem wir als β^n die Nichtminimalbasis

$$\beta^n = \begin{pmatrix} \bar{\beta}^{-1} \\ 0 \end{pmatrix}$$

wählen, erkennen wir die Richtigkeit der Behauptung. —

Wir führen den weiteren Beweis durch Induktion nach der Länge l von $\mathfrak{a}$. Es sei im folgenden $l \geqq 2$.

IV — $\mathfrak{p}_i$ $(i = 1, \ldots, r)$ seien die zu $\mathfrak{a}$ gehörigen Primideale. Dann gibt es einen Vektor $a_1 \in A^{(k)}$, der nicht in $\mathfrak{a}$ liegt, für den aber etwa $\mathfrak{p}_1 \cdot a_1 \subset \mathfrak{a}$ gilt. Wir schreiben kurz $\mathfrak{p}$ statt $\mathfrak{p}_1$ und bezeichnen seine Syzygienmatrizen mit $\bar{\beta}^j$. Auf den Modul $\mathfrak{a}' = \mathfrak{a} + a_1 \cdot A \neq A^{(k)}$ (Syzygienmatrizen β'^j) ist die Induktionsvoraussetzung anwendbar.

Wir wählen die Basis $a_1, \ldots, a_\mu$ von $\mathfrak{a}'$ so, daß $\mathfrak{a} = a_1 \cdot \mathfrak{p} + a_2 \cdot A + \cdots + a_\mu \cdot A$ wird, und konstruieren nach dem Vorbild von [5] eine (schwache) Syzygienkette $\{\beta^j\}$ von $\mathfrak{a}$. Es ist

$$\beta^0 = \begin{pmatrix} \bar{\beta}^0 \cdot a_1 \\ \hat{\beta}'^0 \end{pmatrix} \quad \left(\hat{\beta}'^0 = \begin{pmatrix} a_2 \\ \vdots \\ a_\mu \end{pmatrix} \right).$$

---

[1]) In einem Stellenring ist $\mathfrak{p}$ natürlich das maximale Primideal.

Wir behaupten, daß bei jeder Relation $(\gamma\ \delta)\begin{pmatrix} a_1 \\ \hat{\beta}'^0 \end{pmatrix} = 0$ $\gamma \in \mathfrak{p}$ gelten muß. Anderenfalls gäbe es nämlich ein $\alpha \in A$ und ein $p \in \mathfrak{p}$, so daß $\alpha\,\gamma + p = 1$ wird, es wäre also $a_1 \in a_1 \cdot \mathfrak{p} + a_2 \cdot A + \cdots + a_\mu \cdot A = \mathfrak{a}$ im Widerspruch zur Voraussetzung. Daher können wir wie in [5] schließen, daß

$$\beta^1 = \begin{pmatrix} \bar{\beta}^1 & 0 \\ \gamma_1 & (\beta'^{\,1}_{ij'})_{j' \geqq 2} \end{pmatrix}$$

mit

$$\gamma_1 \bar{\beta}^0 = (\beta'^{\,1}_{i1}) = -\beta'^1 \gamma_0 \quad \text{und} \quad \gamma_0 = \begin{pmatrix} -1 \\ 0 \\ \vdots \\ 0 \end{pmatrix}$$

und für $t = 2, \ldots, n-1$

$$\beta^t = \begin{pmatrix} \bar{\beta}^t & 0 \\ \gamma_t & \beta'^t \end{pmatrix} \quad \text{mit } \gamma_t \bar{\beta}^{t-1} + \beta'^t \gamma_{t-1} = 0$$

ist.

Durch Fortführung des Verfahrens erhält man

$$\beta^n = \begin{pmatrix} \bar{\beta}^n & 0 \\ \gamma_n & \beta'^n \end{pmatrix} \quad \text{mit } \gamma_n \circ \bar{\beta}^{n-1} + \beta'^n \circ \gamma_{n-1} = 0\,, \tag{*}$$

und diese Gleichung zieht nach sich

$$\gamma_{n+1} \circ \bar{\beta}^n + \beta'^{n+1} \circ \gamma_n = 0 \qquad (\beta'^{n+1} = \beta'^0)\,,$$

worin γ_{n+1} eine passende Matrix mit Elementen aus A ist. Gilt hierin $\gamma_{n+1} \circ \bar{\beta}^n = 0$, so folgt mit einer geeigneten Matrix η_n

$$\gamma_n = \beta'^n \circ \eta_n$$

und damit nach (*)

$$\beta'^n \circ (\eta_n \bar{\beta}^{n-1} + \gamma_{n-1}) = 0\,,$$

d. h.

$$\gamma_{n-1} + \eta_n \bar{\beta}^{n-1} = \beta'^{n-1} \eta_{n-1}\,.$$

Auf diese Weise ergibt sich schließlich

$$\gamma_0 + \eta_1 \bar{\beta}^0 = \beta'^0 \eta_0\,,$$

und das führt zum Widerspruch, wenn $\mathfrak{a}'$ in $\mathfrak{p} \cdot A^{(k)}$ liegen sollte. Ist dagegen $\mathfrak{a}'$ nicht in $\mathfrak{p} \cdot A^{(k)}$ enthalten, so ist $\beta'^0 \circ \bar{\beta}^n = \beta'^0 \circ \bar{\beta}^{-1} \neq 0$, und daher können wir durch zulässige Abänderung von γ_n erreichen, daß $\gamma_{n+1} \circ \bar{\beta}^n \neq 0$ ist. Wir können somit in jedem Falle annehmen, daß diese Ungleichung besteht.

Nun ist $\bar{\beta}^n$ eine einelementige Matrix, denn es erzeugt das inverse System des nulldimensionalen irreduziblen Ideals $\mathfrak{p}$ (s. Nr. **65**). Da $\gamma_{n+1} \circ \circ \beta^n \neq 0$ ist, können die Elemente des Spaltenvektors γ_{n+1} nicht sämtlich in $\mathfrak{p}$ liegen. Nun gilt aber wegen $p:\mathfrak{b} = \mathfrak{p}$ bei $\mathfrak{b} \subset \mathfrak{p}$ auf Grund der Rechenregeln für das inverse System $\breve{\mathfrak{p}} \circ \mathfrak{b} = \breve{\mathfrak{p}}$, bei $\gamma \notin \mathfrak{p}$ also $\gamma \circ \bar{\beta}^n = \eta \circ \bar{\beta}^n$ mit einer Einheit η. Daraus folgt, daß die erste Zeile der oben für β^n angegebenen Matrix aus den übrigen Zeilen linear kombinierbar ist, wir können also statt dessen für β^n die Matrix

$$\beta^n = (\gamma_n \; \beta'^n) \qquad (**)$$

wählen. Damit ist sichergestellt, daß die Matrizen β^0 und β^n miteinander verkettet sind.

Nach Induktionsvoraussetzung ist $\beta'^0 \circ \beta'^n = 0$, β^{n+1} (das als nächste Syzygienmatrix durch die Forderung $\beta^{n+1} \circ \beta^n = 0$ bestimmt wird) stellt also die Basis für einen Untermodul $\mathfrak{b}$ von $\mathfrak{a}'$ dar. Da der Spaltenvektor γ_n keiner Gleichung der Form $\gamma_n = \beta'^n \circ \eta_n$ genügt, muß $\mathfrak{b} \neq \mathfrak{a}'$ sein. Wegen (*) ist aber $\gamma_n \circ \mathfrak{p}$ aus den Spalten von β'^n kombinierbar. Daher hat $\mathfrak{b}$ eine um 1 größere Länge als $\mathfrak{a}'$, also dieselbe Länge wie $\mathfrak{a}$, und gehört zu denselben Primidealen wie $\mathfrak{a}$.

V — Unter den Voraussetzungen von IV betrachten wir zunächst den Fall, daß $\mathfrak{a}$ irreduzibel und demnach Primärmodul zum Primideal $\mathfrak{p}$ ist. Ist der zugrunde liegende Ring A ein regulärer Stellenring s, so besteht β^{n-1} nach [4], Nr. **23** aus einer Zeile, der duale Modul $\dot{\mathfrak{a}}$ von $\mathfrak{a}$ stellt also ein Ideal dar, und die Behauptung des Satzes folgt wegen der Umkehrbarkeit der Syzygienketten von $\mathfrak{a}$ unmittelbar durch Anwendung von Nr. **105** auf $\dot{\mathfrak{a}}$. Ist A dagegen Polynomring, so ist $\dot{\mathfrak{a}}$ wenigstens noch zu einem nulldimensionalen Ideal äquivalent (Nr. **84**). Hieraus ergibt sich nach I die Behauptung.

Wir bemerken, daß wir auch in diesem Fall die Matrix β^n bei geeigneter Wahl von γ_n in der Form (**) erhalten können. Möglicherweise hätten wir nämlich nur noch mit einer geeigneten Matrix C von links zu multiplizieren. Da es hierzu eine zweite Matrix C' mit $C'C(\gamma_n \; \beta'^n) = (\gamma_n \; \beta'^n)$ geben muß, hat der zu $C\beta'^n$ als inverses System gehörige Modul $\mathfrak{a}''$ dieselbe Länge wie $\mathfrak{a}'$. Würde er nicht mit $\mathfrak{a}'$ zusammenfallen, so wäre $\mathfrak{a} = \mathfrak{a}' \cap \mathfrak{a}''$ im Widerspruch zur Irreduzibilität von $\mathfrak{a}$. Hieraus folgt die Behauptung.

VI — Wir haben jetzt nur noch unter den Voraussetzungen von IV den Fall zu untersuchen, daß $\mathfrak{a}$ Durchschnitt zweier Moduln $\mathfrak{a}'$ und $\mathfrak{a}''$ von um Eins geringerer Länge als $\mathfrak{a}$ ist. Dann können wir eine Basis $a_1, a_2, \ldots, a_\mu$ von $\mathfrak{c} = \mathfrak{a}' + \mathfrak{a}''$ wählen, so daß

$$\begin{aligned} \mathfrak{a}' &= a_1 \cdot \mathfrak{p}' + a_2 \cdot A + \cdots + a_\mu \cdot A\,, \\ \mathfrak{a}'' &= a_1 \cdot A + a_2 \cdot \mathfrak{p}'' + \cdots + a_\mu \cdot A\,, \\ \mathfrak{a} &= a_1 \cdot \mathfrak{p}' + a_2 \cdot \mathfrak{p}'' + \cdots + a_\mu \cdot A \end{aligned}$$

gilt, wo $\mathfrak{p}'$, $\mathfrak{p}''$ (nicht notwendig voneinander verschiedene) zu $\mathfrak{a}$ gehörige Primideale sind. Wir bezeichnen die Syzygienmatrizen von $\mathfrak{c}$ mit β, von $\mathfrak{p}'$ mit $\bar{\beta}'$ und von $\mathfrak{p}''$ mit $\bar{\beta}''$, von $\mathfrak{a}'$ mit β' und von $\mathfrak{a}''$ mit β''. Dann kann man unter Verallgemeinerung der in [5] angewendeten Beweismethode folgende Kette schwacher Syzygienmatrizen $\bar{\bar{\beta}}^t$ von $\mathfrak{a}$ aufstellen:

$$\bar{\bar{\beta}}^0 = \begin{pmatrix} \bar{\beta}'^0 & a_1 \\ \bar{\beta}''^0 & a_2 \\ \hat{\beta}^0 & \end{pmatrix} \qquad \text{mit } \hat{\beta}_0 = (\beta^0_{ij})_{i>2}\,,$$

$$\bar{\bar{\beta}}^1 = \begin{pmatrix} \bar{\beta}'^1 & 0 & 0 \\ 0 & \bar{\beta}''^1 & 0 \\ \gamma_1' & \gamma_1'' & (\beta^1_{ij})_{j>2} \end{pmatrix} \qquad \text{mit } \begin{matrix} \gamma_1' \bar{\beta}'^0 = (\beta^1_{i1})\,, \\ \gamma_1'' \bar{\beta}''^0 = (\beta^1_{i2}) \end{matrix}$$

und allgemein für $t \geqq 2$ (einschließlich $t = n$)

$$\bar{\bar{\beta}}^t = \begin{pmatrix} \bar{\beta}'^t & 0 & 0 \\ 0 & \bar{\beta}''^t & 0 \\ \gamma_t' & \gamma_t'' & \beta^t \end{pmatrix} \qquad \text{mit } \begin{matrix} \gamma_t' \bar{\beta}'^{t-1} + \beta^t \gamma_{t-1}' = 0\,, \\ \gamma_t'' \bar{\beta}''^{t-1} + \beta^t \gamma_{t-1}'' = 0\,. \end{matrix}$$

Nach dem bisher Bewiesenen kann man dann, wenn man die γ's geeignet wählt, für $\bar{\bar{\beta}}^n$ bereits

$$\bar{\bar{\beta}}^n = (\gamma_n' \; \gamma_n'' \; \beta^n) \tag{*}$$

nehmen. Aus der Konstruktion geht weiterhin hervor, daß

$$\beta'^n = (\gamma_n' \; \beta^n)\,, \qquad \beta''^n = (\gamma_n'' \; \beta^n)$$

gesetzt werden kann.

Nach Induktionsvoraussetzung gilt

$$\beta'^{n+1} = \beta'^0\,, \qquad \beta''^{n+1} = \beta''^0\,.$$

Wegen (+) ist der zu $\bar{\beta}^{n+1}$ gehörige Modul gleich dem Durchschnitt des zu β'^{n+1} und des zu β''^{n+1} gehörigen, also gleich $\mathfrak{a}' \cap \mathfrak{a}'' = \mathfrak{a}$. Damit ist alles bewiesen.

108. Bisher haben wir in der Formulierung des vorstehenden Satzes von einer geeigneten Syzygienkette gesprochen. Wählen wir zwei beliebige, mit $\{\beta^j\}$ bzw. $\{\beta'^j\}$ bezeichnete Syzygienketten von $\mathfrak{a}$, so sind insbesondere der zu β^{n-1} gehörige Modul S_{n-1} und der zu β'^{n-1} gehörige S'_{n-1} äquivalent. Daraus folgt die Existenz invertierbarer Matrizen T, T', so daß

$$T^{-1} \cdot \begin{pmatrix} 0 & E & 0 \\ 0 & 0 & \beta^{n-1} \end{pmatrix} \cdot T' = \begin{pmatrix} 0 & E & 0 \\ 0 & 0 & \beta'^{n-1} \end{pmatrix}$$

gilt, worin die Einheits- bzw. Nullmatrizen nicht die gleiche Reihenzahl zu haben brauchen (vgl. Nr. **20** und **70**). Das bedeutet, daß man β'^n so wählen kann, daß

$$(0\ \beta'^n) = (0\ \beta^n)\ T$$

ist. Dann gilt aber mit $\beta^0 \circ \beta^n = 0$ auch $\beta'^0 \circ \beta'^n = 0$.

Wir können somit feststellen:

$\mathfrak{a}$ sei ein nulldimensionaler Vektormodul. Dann läßt sich β^n stets so wählen, daß $\beta^0 = \beta^{n+1}$ ist, daß also die Spalten von β^n gerade das inverse System von $\mathfrak{a}$ erzeugen.

Die in Nr. **92** bewiesene Dualität zwischen $\mathfrak{a}$ und $\dot{\mathfrak{a}}$ ergibt sich also daraus, daß man eine geeignete Basis des inversen Systems von $\mathfrak{a}$ in einer Matrix anordnet; dann kann die transponierte Matrix als Basis des inversen Systems von $\dot{\mathfrak{a}}$ aufgefaßt werden.

109. Wählt man eine beliebige verallgemeinerte Syzygienkette von $\mathfrak{a}$ (aber natürlich unter der stets gemachten Voraussetzung, daß die Zeilen von β^{n-1} linear unabhängig sind), so kann man nach Nr. **62** und **70** schließen:

$\mathfrak{a}$ sei ein nulldimensionaler Vektormodul mit den verallgemeinerten Syzygienmatrizen β^t. Dann ist die durch die Forderung $\beta^{n+1} \circ \beta^n = 0$ bestimmte $(n+1)$-te Syzygienmatrix die nullte Syzygienmatrix eines zu $\mathfrak{a}$ äquivalenten nulldimensionalen Vektormoduls.

110. Nach Nr. **10—11** bzw. Nr. **34** können wir beim Vorliegen eines perfekten Ideals oder Moduls $\mathfrak{b}$ der Dimension $d > 0$ durch Übergang zu seinem Erweiterungsmodul $\mathfrak{b}'$ in einem geeigneten Quotientenring erreichen, daß $\mathfrak{b}'$ nulldimensional wird und $\mathfrak{b}' \cap A^{(k)} = \mathfrak{b}$ gilt. Bei diesem Übergang geht jede Syzygienkette wiederum in eine (evtl. schwache) Syzygienkette über, und die lineare Abhängigkeit bzw. Unabhängigkeit von Vektoren über dem Quotientenkörper bleibt natürlich invariant. Das inverse System eines nulldimensionalen Moduls in einem Polynomring oder regulären Stellenring besitzt aber eine endliche Basis, auf welche die Sätze der vorstehenden Nummern angewendet werden können (für die Erweiterungsmoduln $\mathfrak{a}'$ und $\dot{\mathfrak{a}}'$ von $\mathfrak{a}$ bzw. $\dot{\mathfrak{a}}$ gilt $\mathfrak{a}' \cap A^{(k)} = \mathfrak{a}$, $\dot{\mathfrak{a}}' \cap A^{(k')} = \dot{\mathfrak{a}}$, da zu $\mathfrak{a}$ und $\dot{\mathfrak{a}}$ dieselben Primideale gehören [s. Nr. 92]). Wir können daher sagen:

Die vorstehenden Sätze bleiben (bei Ersetzung von n durch $n-d$) für perfekte Vektormoduln der Dimension $d > 0$ richtig, wenn wir β^{n-d} als Basis des inversen Systems von $\dot{\mathfrak{a}}$ bezüglich eines passend gewählten Quotientenringes deuten.

Im Falle eines Polynomrings läuft das darauf hinaus, für das inverse System einfach einen umfassenderen Koeffizientenbereich zuzulassen, nachdem die Unbestimmten, mit denen das inverse System definiert wurde, geeignet gewählt sind. Im Falle eines regulären Stellenrings benötigen wir das inverse System eines (regulären) semilokalen Ringes. Durch Modifikation der in Nr. **60** angegebenen Realisierung können wir erreichen, daß auch hier das inverse System eines nulldimensionalen Moduls von endlich vielen Elementen erzeugt wird.

4. Anwendung auf Differentialgleichungssysteme

111. Die bewiesenen Sätze gestatten folgende Anwendung auf Systeme partieller Differentialgleichungen:

Es sei das homogene Differentialgleichungssystem

$$\sum_{j=1}^{k} A^0_{ij} f_j = 0 \qquad (i = 1, \ldots, \mu) \qquad (*)$$

für die unbekannten Funktionen f_j $(j = 1, \ldots, k)$ *von* $x_1, \ldots, x_n$ *mit*

$$A^0_{ij} = \sum_{k_1, \ldots, k_n} \alpha^0_{ij\,k_1, \ldots, k_n} \frac{\partial^{k_1 + \cdots + k_n}}{\partial x_1^{k_1} \ldots \partial x_n^{k_n}}, \qquad \alpha^0_{ij\,k_1, \ldots, k_n} = \text{const} \in K,$$

vorgelegt. β^0 *sei die durch die Zuordnung* $\frac{\partial}{\partial x_l} \to x_l$ *aus der Matrix* A^0 *der* A^0_{ij} *hervorgehende Matrix, die als nullte Syzygienmatrix zu einem nulldimensionalen (also perfekten) Modul* $\mathfrak{a}$ *über* $R = K[x_1, \ldots, x_n]$ *gehöre (*K *etwa Körper der reellen oder komplexen Zahlen). Stellen wir sukzessive Basen* A^t $(t = 1, 2, \ldots)$ *für die linken Seiten der Integrabilitätsbedingungen mit den Matrizen* $A^0, A^1, \ldots$ *gebildeter inhomogener Systeme auf, so können wir erreichen, daß diese Folge mit einer Matrix* A^{n-1} *mit*

$$A^{n-1}_{ij} = \sum_{k_1, \ldots, k_n} \alpha^{n-1}_{ij\,k_1, \ldots, k_n} \frac{\partial^{k_1 + \cdots + k_n}}{\partial x_1^{k_1} \ldots \partial x_n^{k_n}}, \qquad \alpha^{n-1}_{ij\,k_1, \ldots, k_n} \in K,$$

abbricht, die zu einem zu $(*)$ *dualen Differentialgleichungssystem*

$$\sum_{i=1}^{k'} A^{n-1}_{ij} g_i = 0 \qquad (j = 1, \ldots, \mu_{n-1}) \qquad (**)$$

für $k' = \mu_n$ *Funktionen* g_i *von* $x_1, \ldots, x_n$ *Anlaß gibt. Dann kann man eine* $(k \times k')$*-Matrix* A^n *mit Funktionen von* $x_1, \ldots, x_n$ *als Elementen finden, so daß sich jeder Lösungsvektor* $f = \begin{pmatrix} f_1 \\ \vdots \\ f_k \end{pmatrix}$ *von* $(*)$ *durch Differentiation und Linearkombination mit Koeffizienten aus* K *aus den Spalten von* A^n *und jeder Lösungsvektor* $g = (g_1, \ldots g_{k'})$ *von* $(**)$ *durch Differentiation und Linearkombination mit Koeffizienten aus* K *aus den Zeilen von* A^n *ergibt.*

112. Ist der zu dem Differentialgleichungssystem (*) von Nr. **111** gehörige Modul $\mathfrak{a}$ nicht nulldimensional, sondern hat eine Dimension $d > 0$, ist aber noch perfekt, so können wir (im Hinblick auf das inverse System) die Unbestimmten x_j ohne Beschränkung der Allgemeinheit so gewählt denken, daß der Erweiterungsmodul $\mathfrak{a}' = \mathfrak{a} \cdot R'$ mit $R' = (K, x_1, \ldots, x_d)\,[x_{d+1}, \ldots, x_n]$ nulldimensional und $\mathfrak{a}' \cap R^{(k)} = \mathfrak{a}$ ist. (Wir bemerken, daß ein linearer Differentialoperator B genau dann einem zu $\mathfrak{a}$ primen Element aus R entspricht, wenn mit einem beliebigen Zeilenvektor von Differentialoperatoren (Y) gilt: annulliert BY alle Lösungen von (*), so gilt dasselbe bereits von Y.) Unter diesen Voraussetzungen bricht eine geeignete Syzygienkette von $\mathfrak{a}$ mit β^{n-d-1} ab, das einer Matrix A^{n-d-1} entspricht, mit der in diesem Falle das duale Differentialgleichungssystem (**) zu bilden ist.

Als Elemente der (an die Stelle von A^n tretenden) Matrix A^{n-d} können wir dann (vgl. [9], S. 278) Funktionen (Potenzreihen) von $\frac{\partial}{\partial x_1}, \ldots, \frac{\partial}{\partial x_d}$, $x_{d+1}, \ldots, x_n$ wählen, so daß sich jeder (in Potenzreihen darstellbare) Lösungsvektor von (*) durch Differentiation und Linearkombination der auf eine „beliebige" Funktion von $x_1, \ldots, x_d$ angewendeten Spaltenvektoren von A^{n-d}, jeder Lösungsvektor von (**) dagegen durch Differentiation und Linearkombination der auf eine „beliebige" Funktion von $x_1, \ldots, x_d$ angewendeten Zeilenvektoren von A^{n-d} ergibt.

113. Es sei noch bemerkt, daß die Matrix A^n (bzw. A^{n-d}), wenn sie nicht in der oben angegebenen ausgezeichneten Weise gewählt ist, nach Nr. **109** das System (**) nicht mit (*), sondern mit einem zu (*) „äquivalenten" Differentialgleichungssystem verknüpft. Dabei läuft die Übertragung des in Nr. **20** für Vektormoduln eingeführten Äquivalenzbegriffes auf lineare Differentialgleichungssysteme im wesentlichen auf die Einführung neuer (überflüssiger) Unbekannten hinaus (vgl. auch [23]).

114. Die im vorstehenden gemachten Ausführungen, die auf der Deutung von x_l als Differentiationsoperator $\frac{\partial}{\partial x_l}$ beruhten, bezogen sich auf Differentialoperatoren mit konstanten Koeffizienten. Sie lassen sich unmittelbar auf gewisse lineare Differentialgleichungen mit nichtkonstanten Koeffizienten übertragen, indem man den x_l Differentialoperatoren $p_l\left(\frac{\partial}{\partial x_1}, \ldots, \frac{\partial}{\partial x_n}\right)$ zuordnet, die miteinander kommutieren und über dem Grundkörper K algebraisch unabhängig sind (vgl. [9]). Beispiele hierfür werden nach Gröbner von den Differentialoperatoren

$$p_l = x_l \frac{\partial}{\partial x_l}, \qquad p_l = \frac{\partial}{\partial x_l} + x_l$$

oder allgemeiner

$$p_l = f_l(x_l)\frac{\partial}{\partial x_l} + g_l(x_l)$$

geliefert.

Um allgemeine Fälle erfassen zu können, wird es wohl notwendig sein, die vorstehenden Darlegungen auf nichtkommutative Ringe zu verallgemeinern.

ANHANG

Hauptklassenmoduln

115. Wir haben in Nr. **44** und **81** bereits einige Beispiele für k-reihige perfekte Vektormoduln der Höhe h kennengelernt, die von $k + h - 1$ Elementen erzeugt werden. Wir wollen das in diesem Abschnitt zum Anlaß nehmen, um eine Klasse von Vektormoduln auszuzeichnen, die als Verallgemeinerung der Hauptklassenideale angesehen werden können und für die ähnliche Gesetzmäßigkeiten gelten. Wir beweisen dazu zunächst folgenden Hilfssatz, der eine Verallgemeinerung der Aussage von Nr. 8 auf Vektormoduln darstellt:

Wenn $\mathfrak{a}$ ein k-reihiger Vektormodul der Höhe $h > 1$ ist, so kann man, indem man die Erzeugenden x_i von $\mathfrak{a}$ nötigenfalls einer (elementaren) umkehrbaren Transformation unterwirft, stets voraussetzen, daß die Elemente $x_1, \ldots, x_{k+h'-1}$ für $h' = 1, \ldots, h$ einen Modul der Höhe $\geqq h'$ erzeugen.

Beweis: Wir behaupten, daß wir es sogar so einrichten können, daß für beliebiges h' die durch Streichung der letzten k' Spalten ($k' < k$) aus den x_i entstehenden Vektoren $x_i^{(k')}$ für $i = 1, \ldots, k + h' - 1$ einen Modul der Höhe $\geqq \text{Min}\,(h, h' + k')$ erzeugen.

Für $k = 1$ ist die Aussage richtig (vgl. Nr. 8); wir führen daher den Beweis durch Induktion nach k. Ferner sei bereits bewiesen, daß die Vektoren $x_i^{(k')}$ für $i = 1, \ldots, k + h' - 1$ $(h' < h)$ einen Modul der Höhe $\geqq$ $\geqq \text{Min}\,(h, h' + k')$ erzeugen.

Nach Induktionsvoraussetzung können wir annehmen, daß dann die Vektoren $x_1^{(k')}, \ldots, x_{k+h'}^{(k')}$ bei $k' \geqq 1$ einen Modul der Höhe $\geqq \text{Min}\,(h, h' + k' + 1)$ erzeugen. Gilt dies auch für $k' = 0$, so sind wir fertig. Anderenfalls hat $\mathfrak{b} = x_1 \cdot A + \cdots + x_{k+h'-1} \cdot A$ sicher die Höhe h'. Bezeichnen wir mit $\mathfrak{p}_1, \ldots, \mathfrak{p}_t$ die zu $\mathfrak{b}$ gehörigen Primideale der Höhe h', so hat $\mathfrak{b} \bmod \mathfrak{p}_i$ einen Rang $= k - 1$. Wäre nämlich der Rang kleiner als $k - 1$, so würde dasselbe für den $(k - 1)$-reihigen Modul $\mathfrak{b}^{(1)}$ gelten, der von $x_1^{(1)}, \ldots, x_{k+h'-1}^{(1)}$ erzeugt wird, und daher könnte $\mathfrak{b}^{(1)}$ im Widerspruch zur Annahme keine Höhe $> h'$ haben.

Wir können die Numerierung so eingerichtet denken, daß der Vektor $x_{k+h'}$ mod $\mathfrak{p}_i$ für $i = 1, \ldots, j$ von $\mathfrak{b}$ linear abhängig, für $i > j$ aber unabhängig ist. Dann gibt es wegen Höhe $a = h > h'$ für $i = 1, \ldots, j$ je einen der restlichen Basisvektoren x'_i von $\mathfrak{a}$, der mod $\mathfrak{p}_i$ von $\mathfrak{b}$ linear unabhängig ist. Wir wählen für $i = 1, \ldots, j$ je ein $\alpha_i \notin \mathfrak{p}_i$ mit $\alpha_i \in \mathfrak{p}_{i'}$ für $i \neq i'$, das in allen zu $\mathfrak{b}^{(k')} = x_1^{(k')} \cdot A + \cdots + x_{k+h'-1}^{(k')} \cdot A$ ($k' = 1, \ldots, k-1$) gehörigen Primidealen enthalten ist (was möglich ist, da diese eine größere Höhe als h' haben [vgl. etwa die Überlegungen in Nr. 13]). Dann ist

$$x'_{k+h'} = x_{k+h'} + \alpha_1 x'_1 + \cdots + \alpha_j x'_j$$

mod $\mathfrak{p}_i$ für $i = 1, \ldots, t$ von $\mathfrak{b}$ linear unabhängig, und daher hat $\mathfrak{b}' = \mathfrak{b} + x'_{k+h} \cdot A$ eine Höhe $\geqq h' + 1$. Außerdem besitzt auf Grund der Wahl der α_i der durch Streichung der letzten k' Spalten aus $\mathfrak{b}'$ hervorgehende Modul $\mathfrak{b}'^{(k')}$ die oben geforderten Eigenschaften. Damit ist alles bewiesen.

116. Hinsichtlich der Änderung der Höhe beim Streichen von Spalten in einem Vektormodul gilt ferner:

Der k-reihige Vektormodul $\mathfrak{a}$ ($k \geqq 2$) der Höhe h werde von den Vektoren $a_1, \ldots, a_l$ erzeugt, und $\mathfrak{b}$ habe die Basisvektoren $a_1, \ldots, a_{l-1}$ und die Höhe $h' < h$. Dann kann man, indem man nötigenfalls elementare Transformationen der Spalten vornimmt, also zu einem im engeren Sinne zu $\mathfrak{a}$ äquivalenten Modul übergeht, annehmen, daß der aus $\mathfrak{b}$ durch Streichen der letzten Spalte hervorgehende Modul $\mathfrak{b}'$ eine Höhe $\geqq h' + 1$ hat.[1])

[1]) Die (in der Sprache der durch Matrizen dargestellten Ideale formulierte) Bemerkung von Gröbner ([6], S. 202), daß man bei $l = h + k - 1$, $h' = h - 1$ stets automatisch durch Weglassen einer passend gewählten Spalte aus $\mathfrak{b}$ einen Modul $\mathfrak{b}'$ der Höhe h erhält, ist in dieser Form falsch, wie man etwa am Beispiel der folgenden homogenen Vektormoduln erkennt: $\mathfrak{a}$ werde von den Zeilen der Matrix $\begin{pmatrix} x_1 & 0 \\ x_2 & x_2 \\ 0 & x_3 \\ x_4 & -x_4 \end{pmatrix}$ erzeugt, $\mathfrak{b}$ von denen der Matrix $\begin{pmatrix} x_1 & 0 \\ x_2 & x_2 \\ 0 & x_3 \end{pmatrix}$ (Char $k \neq 2$). Dann ist

$$|\mathfrak{a}| = (x_1 x_2, x_1 x_3, x_1 x_4, x_2 x_3, x_2 x_4, x_3 x_4)$$
$$= (x_2, x_3, x_4) \cap (x_1, x_3, x_4) \cap (x_1, x_2, x_4) \cap (x_1, x_2, x_3),$$

$\mathfrak{a}$ hat also die Höhe 3,

$$|\mathfrak{b}| = (x_1 x_2, x_1 x_3, x_2 x_3) = (x_2, x_3) \cap (x_1, x_3) \cap (x_1, x_2),$$

$\mathfrak{b}$ hat also die Höhe 2, während jeder durch Streichung einer Spalte aus $\mathfrak{b}$ hervorgehende Modul Hauptklassenideal der Höhe 2 ist. Für die Zwecke des Beweises bei Gröbner reicht jedoch die obige schwäschere Aussage aus. (Beachte, daß in unserer Darstellung gegenüber der Gröbnerschen Zeilen und Spalten vertauscht sind.)

Beweis: $\mathfrak{p}_i$ $(i = 1, \ldots, m)$ seien die zu $\mathfrak{b}$ gehörigen Primideale der Höhe h'. Dann ist für jedes i der Rang von $\mathfrak{b}$ mod $\mathfrak{p}_i$ gleich $k - 1$, denn größer kann er nicht sein, da sonst $\mathfrak{p}_i$ nicht zu $\mathfrak{b}$ gehören würde, aber auch nicht kleiner, da sonst der Rang mod $\mathfrak{p}_i$ von $\mathfrak{a}$ höchstens $k - 1$ sein würde, $\mathfrak{p}_i$ also auch Primideal von $\mathfrak{a}$ wäre im Widerspruch zu Höhe $\mathfrak{a} >$ Höhe $\mathfrak{b}$.

Wir wollen zeigen, daß man durch elementare Umformungen der Spalten zu $k - 1$ mod p_i $(i = 1, \ldots, m)$ linear unabhängigen Spalten von $\mathfrak{b}$ gelangen kann. Es seien schon t Spalten S_i $(i = 1, \ldots, t; t < k - 1)$ dieser Bedingung entsprechend gewählt, und die Spalte S sei mod $\mathfrak{p}_i$ $(i = 1, \ldots, \varrho)$ linear unabhängig von den S_i, mod $\mathfrak{p}_j$ $(j = \varrho + 1, \ldots, m)$ aber abhängig. S' sei ein (nach der Rangvoraussetzung existierender) mod $\mathfrak{p}_{\varrho+1}$ von den S_i unabhängiger Spaltenvektor. Dann ist $S + \alpha S'$ mit $\alpha \in \mathfrak{p}_i$ $(i = 1, \ldots, \varrho)$, $\alpha \notin \mathfrak{p}_{\varrho+1}$ auch noch mod $\mathfrak{p}_{\varrho+1}$ linear unabhängig, das Verfahren läßt sich also fortsetzen.

Für den mit diesen $k - 1$ Spalten gebildeten Vektormodul $\mathfrak{b}'$ gilt, wie durch Determinantenentwicklung nach der weggelassenen Spalte von $\mathfrak{b}$ folgt, $|\mathfrak{b}'| \supset |\mathfrak{b}|$. Gehörte daher zu $\mathfrak{b}'$ ein Primideal der Höhe $\bar{h} \leqq h'$, so müßte es ein zu $\mathfrak{b}$ gehöriges enthalten, also mit einem $\mathfrak{p}_i$ zusammenfallen, was auf einen Widerspruch zur Rangbedingung führt. Damit ist alles bewiesen.

117. Wir wollen einen k-reihigen Vektormodul $\mathfrak{a}$ der Höhe $h \geqq 1$, der von $h + k - 1$ Vektoren erzeugt werden kann, als *Hauptklassenmodul* bezeichnen. Den vorstehenden Sätzen zufolge kann man dann bei $h > 1$ die Basis $x_1, \ldots, x_{h+k-1}$ von $\mathfrak{a}$ so wählen, daß die Elemente $x_1, \ldots, x_{h+k-2}$ einen Modul $\mathfrak{b}$ der Höhe $\geqq h - 1$ erzeugen[1]) und daß überdies der durch Streichung der letzten Spalte aus $\mathfrak{b}$ hervorgehende $(k - 1)$-reihige Vektormodul $\mathfrak{b}^{(1)}$ eine Höhe $\geqq h$ hat.[2])

Hierfür gilt nach einem letzten Endes auf MACAULAY [19] zurückgehenden Satz:

Das einem Hauptklassenmodul $\mathfrak{a}$ nach MACAULAY *zugeordnete Ideal* $|\mathfrak{a}|$ *ist perfekt.*

Der hierfür von GRÖBNER im Falle homogener Vektormoduln in [6] gegebene Beweis läßt sich ohne weiteres auf inhomogene Moduln und auf Moduln über regulären Stellenringen übertragen.

[1]) Diese Bedingung ist nicht automatisch erfüllt, auch nicht bei homogenen Moduln oder Moduln über einem Stellenring, wenn die Komponenten der Erzeugenden nicht sämtlich Nichteinheiten sind, und folgt nicht etwa aus der Forderung, daß $\mathfrak{a} \neq A^{(k)}$, also keine aus den x_i bildbare k-reihige Determinante Einheit ist. Daher ist die diesbezügliche Bemerkung bei GRÖBNER ([6], S. 202) unzutreffend, es reicht aber für seine Zwecke die obige schwächere Formulierung.

[2]) Im Hinblick auf die anschließend zu beweisende Ungleichung sind sowohl $\mathfrak{b}$ als auch $\mathfrak{b}^{(1)}$ Hauptklassenmoduln.

118. Damit können wir in Verallgemeinerung einer bekannten Aussage für Ideale (s. Nr. 8) beweisen:

Jede Basis eines k-reihigen Vektormoduls $\mathfrak{a} \neq A^{(k)}$ *der Höhe h besteht aus mindestens* $h + k - 1$ *Elementen.*[1])

Beweis:[2]) I — Diese Aussage ist für $k = 1$ richtig (s. Nr. 8), desgleichen trivialerweise für $h = 1$. Wir können daher Induktion nach h und k anwenden.

Auf Grund von Nr. **117** brauchen wir uns bloß noch mit dem Fall zu befassen, daß $\mathfrak{a} = \mathfrak{b} + y \cdot A$ mit $y \in A^{(k)}$ ist, wo $\mathfrak{b}$ ein Hauptklassenmodul einer Höhe $h' < h - 1$ und der aus $\mathfrak{b}$ durch Streichen der letzten Spalte hervorgehende Modul $\mathfrak{b}^{(1)}$ ebenfalls Hauptklassenmodul (der Höhe $h' + 1$) ist.

II — Wir betrachten zunächst den Fall, daß $\mathfrak{b}$ Modul über einem Stellenring s oder homogener Modul über dem Polynomring R und y ein (homogener) Vektor ist, der lauter Nichteinheiten als Komponenten besitzt.

Da $\mathfrak{b}$ Hauptklassenmodul ist, ist $|\mathfrak{b}|$ nach Nr. **117** perfekt. $\mathfrak{p}_1, \ldots, \mathfrak{p}_t$ seien die zu $|\mathfrak{b}|$ gehörigen Primideale, die wegen der Ungemischtheit von $|\mathfrak{b}|$ sämtlich die Höhe h' haben. Dann ist für $i = 1, \ldots, t$ der Rang von $\mathfrak{b} \bmod \mathfrak{p}_i$ gleich $k - 1$, und wir können ohne Beschränkung der Allgemeinheit annehmen, daß die ersten $k - 1$ Vektoren $x_j = (x_{j1}, \ldots, x_{jk})$ $(j = 1, \ldots, k - 1)$ einer Basis $x_1, \ldots, x_{h'+k-1}$ von $\mathfrak{b} \bmod \mathfrak{p}_i$ $(i = 1, \ldots, t)$ linear unabhängig sind.

Es sei D die von den Vektoren $x_1, \ldots, x_{k-1}, y$ aufgespannte k-reihige Determinante, δ_l die (mit entsprechenden Vorzeichen versehene) $(k - 1)$-reihige Unterdeterminante $\delta_l = \det(x_{ij})_{j \neq l}$ von D. Wegen der für beliebige quadratische Matrizen B gültigen Beziehung $B^{\mathrm{adj}} \cdot B = (\det B) \cdot E$

[1]) Anmerkung bei der Korrektur: Inzwischen haben wir eine Verallgemeinerung dieses Satzes auf beliebige (kommutative) noethersche Ringe (mit Einselement) bewiesen (Verallgemeinerung eines Satzes von Macaulay, Monatsh. Math., im Druck). Danach ist die Aussage von Nr. 119 für U-Ringe (Cohen-Macaulay-Ringe) charakteristisch. Für eine Verallgemeinerung dieser Aussage wie auch des Dualitätssatzes auf beliebige noethersche Ringe siehe die Arbeit: Perfekte Ideale und Vektormoduln über noetherschen Ringen. Wiss. Z. der Martin-Luther-Univ. Halle-Wittenberg (im Druck).

[2]) Der Satz geht für Moduln über Polynomringen auf Macaulay [19] zurück. Da der von Macaulay gegebene Beweis nicht einwandfrei ist, hat Gröbner in [6] einen modifizierten Beweis gegeben, der sich überdies auf homogene Vektormoduln beschränkt. — Die Beweisbemerkung bei Krull ([15], S. 43) ist zwar richtig, scheint mir aber nicht stichhaltig zu sein, da man damit zu rechnen hat (und darin liegt offenbar die eigentliche Schwierigkeit des Beweises begründet), daß jedes Primideal, das $|\mathfrak{a}|$ enthält, auch das von den $(k - 1)$-reihigen Unterdeterminanten beliebiger $k - 1$ Spalten von $\mathfrak{a}$ erzeugte Ideal umfaßt, daß also beide Ideale dasselbe Radikal besitzen.

folgt dann für jedes l eine Kongruenz der Form

$$\delta_l \cdot y \equiv \alpha_1 x_1 + \cdots + \alpha_{k-1} x_{k-1} \bmod D \qquad \text{mit } \alpha_j \in A . \qquad (*)$$

Eine beliebige aus den Vektoren von $\mathfrak{a}$ bildbare k-reihige Determinante liegt nach Voraussetzung in $|\mathfrak{b}|$, wenn sie nicht die Zeile y enthält; für die übrigen Determinanten D' folgt aus (*) $\delta_l D' \in |\mathfrak{b}| + D \cdot A$, also allgemein

$$\delta_l \cdot |\mathfrak{a}| \subset |\mathfrak{b}| + D \cdot A . \qquad (**)$$

Wir unterscheiden jetzt zwei Fälle:

1) D ist nicht prim zu $|\mathfrak{b}|$, also etwa $D \in \mathfrak{p}_1$. Dann folgt

$$\delta_l \cdot |\mathfrak{a}| \subset \mathfrak{p}_1 ,$$

also, da $|\mathfrak{a}|$ wegen Höhe $\mathfrak{a}$ = Höhe $|\mathfrak{a}| = h > h'$ nicht in p_1 liegen kann, $\delta_l \in \mathfrak{p}_1$ für $l = 1, \ldots, k$ im Widerspruch dazu, daß die Matrix $(x_{ij})_{i=1,\ldots,k-1}$ den Rang $k-1$ haben sollte.

2) D ist prim zu $|\mathfrak{b}|$. Da wegen der Voraussetzung über $\mathfrak{b}$ und y sowohl die $\mathfrak{p}_i$ als auch D in $\mathfrak{p}$ liegen, wo $\mathfrak{p}$ im Falle eines Stellenringes das maximale Primideal, im Falle eines Polynomrings R das Ideal $x_1 \cdot R + \cdots + x_n \cdot R$ bezeichnet, hat $\mathfrak{c} = |\mathfrak{b}| + D \cdot A$ die Höhe $h' + 1$ und ist perfekt (s. Nr. 12). Hätte $\mathfrak{a}$ und damit $|\mathfrak{a}|$ eine größere Höhe h als $h' + 1$, so könnte $|\mathfrak{a}|$ in keinem zu $\mathfrak{c}$ gehörigen Primideal enthalten sein, denn $\mathfrak{c}$ ist als perfektes Ideal ungemischt. Daher folgt aus (**)

$$\delta_l \in |\mathfrak{b}| + D \cdot A \qquad (l = 1, \ldots, k) .$$

Bezeichnen wir mit y_l die Komponenten von y, so ist $D = y_1 \delta_1 + \cdots + y_k \delta_k$, also

$$\delta_l \in |\mathfrak{b}| + (y_1 \delta_1 + \cdots + y_k \delta_k) \cdot A . \qquad (***)$$

Es sei bereits bewiesen

$$\delta_l \in |\mathfrak{b}| + \mathfrak{p}^\nu ,$$

dann folgt aus (***) $\delta_l \in |\mathfrak{b}| + \mathfrak{p}^{\nu+1}$ und somit

$$\delta_l = \bigcap_{\nu=1,\ldots,\infty} |\mathfrak{b}| + \mathfrak{p}^\nu = |\mathfrak{b}|$$

(s. Nr. 2 oder 17) im Widerspruch dazu, daß die Vektoren $x_1, \ldots, x_{k-1}$ mod $\mathfrak{p}_i$ linear unabhängig sein sollten.

III — Kommen unter den Komponenten von y Einheiten vor, während sonst die Voraussetzungen von II gelten, so können wir durch Übergang zu einem im engeren Sinne äquivalenten Modul voraussetzen, daß $y = (1, 0, \ldots, 0)$ ist und daß die erste Komponenten der übrigen Basisvektoren x_i von $\mathfrak{b}$ gleich 0 ist. Dann hat der durch Streichen der ersten

Spalte aus $\mathfrak{a}$ hervorgehende $(k-1)$-reihige Modul $\mathfrak{a}'$ dieselbe Höhe h wie $\mathfrak{a}$ und besitzt einen Basisvektor weniger als $\mathfrak{a}$, wir können also die Induktionsvoraussetzung auf $\mathfrak{a}'$ anwenden.

IV — Ist schließlich $\mathfrak{a}$ ein beliebiger Vektormodul $\neq A^{(k)}$ der Höhe h, der von $l < h + k - 1$ Vektoren $x_1, \ldots, x_l$ erzeugt wird, so sei $\mathfrak{P}$ ein zu $\mathfrak{a}$ gehöriges Primideal der Höhe h. Dann erzeugen die x_i in dem regulären Stellenring $A_{\mathfrak{P}}$ einen Modul $\neq A_{\mathfrak{P}}^{(k)}$ der Höhe h (s. Nr. **36**), was I—III widerspricht.

Damit ist der Satz bewiesen.

119. In Analogie zu den Hauptklassenidealen gilt:

Jeder Hauptklassenmodul $\mathfrak{a}$ ist perfekt.

Beweis: Da der Satz bereits für $k = 1$ bewiesen ist (s. Nr. **80**), nehmen wir im folgenden $k > 1$ an.

Wir führen den Beweis durch Induktion nach der Anzahl $l = k + h - 1$ der Erzeugenden x_i $(i = 1, \ldots, l)$ von $\mathfrak{a}$. Für $l = k$ (d. h. $h = 1$) als Induktionsanfang ist die Behauptung richtig (Nr. **81**); wir können daher $l > k$ annehmen.

Wir dürfen voraussetzen, daß unsere Basis von $\mathfrak{a}$ Nr. **117** entsprechend normiert ist, daß also die Elemente $x_1, \ldots, x_{l-1}$ einen Hauptklassenmodul $\mathfrak{a}'$ der Höhe $h - 1$ erzeugen und daß der hieraus durch Streichen der letzten Spalte hervorgehende und von den entsprechend gekürzten Vektoren $x_1^{(1)}, \ldots, x_{l-1}^{(1)}$ erzeugte Modul $\mathfrak{a}'^{(1)}$ wieder Hauptklassenmodul von der Höhe h ist. Analog sei $x_1^{(1)}, \ldots, x_{l-2}^{(1)}$ Basis eines Hauptklassenmoduls $\mathfrak{b}$ der Höhe $h - 1$.

Unter Zugrundelegung dieser Bezeichnungen beweisen wir gleich die (für $k = 1$ und für $l = k$ richtige) schärfere Aussage:

Der Modul $\mathfrak{a}$ ist perfekt. Für den Modul $\mathfrak{a}'$ gilt $\Delta(\mathfrak{a}') = |\mathfrak{a}'|$.

Nach Induktionsvoraussetzung ist $\mathfrak{b}$ perfekt, und es gilt $\Delta(\mathfrak{b}) = |\mathfrak{b}|$. Da $\mathfrak{b}$ demnach insbesondere ungemischt ist, folgt nach Nr. **35** aus jeder Relation $\alpha \cdot x_{h+k-2}^{(1)} \in \mathfrak{b}$ mit $\alpha \in A$, daß $\alpha \in \Delta(\mathfrak{b}) = |\mathfrak{b}|$ ist. Wir können daher schließen, daß sich jede zwischen den Basisvektoren von $\mathfrak{a}'^{(1)}$ bestehende Relation durch Linearkombination aus den trivialen Relationen gewinnen läßt, die durch Entwickeln einer aus k Basisvektoren x_i $(i \leqq h + k - 2)$ gebildeten k-reihigen Determinante hervorgehen, deren letzte Spalte der Reihe nach durch die 1., 2., ..., $(k-1)$-te Spalte ersetzt worden ist. Liegt nun ein Element γ in $\Delta(\mathfrak{a}')$, so muß insbesondere $(0, \ldots, 0, \gamma) \in \mathfrak{a}'$ gelten; γ muß also durch den eben genannten Relationen entsprechende Linearkombinationen der Elemente der letzten Spalte erzeugbar sein, und das bedeutet gerade, daß $\gamma \in |\mathfrak{a}'|$ ist. Wegen $|\mathfrak{a}'| \subset \subset \Delta(\mathfrak{a}')$ ist also $|\mathfrak{a}'| = \Delta(\mathfrak{a}')$.

Nun ist $|\mathfrak{a}'|$ perfekt (Nr. **117**), desgleichen nach Induktionsvoraussetzung $\mathfrak{a}'$ und ferner Höhe $\mathfrak{a} >$ Höhe $\mathfrak{a}'$. Daraus folgt nach Nr. **83** die Perfektheit von $\mathfrak{a}$.

Damit ist alles bewiesen.

120. Als Nebenergebnis erhalten wir aus dem vorstehenden Beweis (und zwar bei einer beliebigen Basis von $\mathfrak{a}$, wie man leicht durch Anwendung einer umkehrbaren linearen Transformation erkennt) folgende Verallgemeinerung eines Satzes von DARBOUX und LASKER (s. [17], S. 24, und [13], Nr. 239)[1]):

Erzeugen die Vektoren

$$a_i = (a_{i1}, \ldots, a_{ik}) \qquad (i = 1, \ldots, h + k - 1)$$

einen k-reihigen Vektormodul $\mathfrak{a}$ *der Höhe h, so haben in jeder Relation*

$$\Sigma \alpha_i a_i = 0 \qquad mit\ \alpha_i \in A$$

die Koeffizienten α_i *die Form*

$$\alpha_i = \sum_{i_1, \ldots, i_k} \alpha_{i i_1 \ldots i_k} a_{i_1 1} \ldots a_{i_k k} \qquad mit\ \alpha_{i i_1 \ldots i_k} \in A\ ,$$

wobei die Größen $\alpha_{i i_1 \ldots i_k}$ *bezüglich sämtlicher Indizes schiefsymmetrisch sind und verschwinden, wenn zwei Indizes gleich sind.*

Daher braucht man insbesondere, wenn analog zu Nr. **111** ein inhomogenes lineares Differentialgleichungssystem mit konstanten Koeffizienten

$$\sum_{j=1}^{k} A_{ij}^{0} f_j = B_i \qquad (i = 1, \ldots, k + h - 1)$$

vorgelegt ist und der der Matrix (A_{ij}^{0}) vermöge der Zuordnung $\frac{\partial}{\partial x_l} \to x_l$ entsprechende k-reihige Vektormodul die Höhe h hat, nur „triviale" Integrabilitätsbedingungen für die B_i in Betracht zu ziehen.

121. Es sei noch bemerkt, daß wohl ein Hauptklassenmodul der Höhe 1 oder 2 lauter irreduzible Primärkomponenten besitzt, wie aus Nr. **81** hervorgeht (vgl. die Anmerkung zu Nr. **75**), daß aber im Gegensatz zu Hauptklassenidealen bei $k > 1$ die entsprechende Aussage für Hauptklassenmoduln der Höhe $h > 2$ falsch ist.

---

[1]) Anmerkung bei der Korrektur: Wie wir inzwischen haben zeigen können (Eine charakteristische Eigenschaft von Hauptklassenmoduln, Math. Nachr., im Druck), ist diese Aussage für Hauptklassenmoduln kennzeichnend.

LITERATUR

[1] M. Auslander, D. A. Buchsbaum, Homological Dimension in Local Rings, Trans. Amer. Math. Soc. **85**, 390 (1957).

[2] N. Bourbaki, Algèbre commutative, Paris 1961.

[3] H. Cartan, S. Eilenberg, Homological Algebra, Princeton 1956.

[4] G. Eisenreich, Über Anzahlen und abgeleitete Gleichungssysteme von Idealen in Stellenringen, Math. Nachr. **34**, 327 (1967).

[5] G. Eisenreich, Eine Dualitätsbeziehung zwischen s-Moduln, Math. Nachr. **34**, 351 (1967).

[6] W. Gröbner, Moderne algebraische Geometrie, Wien–Innsbruck 1949.

[7] W. Gröbner, Über die Syzygientheorie der Polynomideale, Monatsh. Math. **53**, 1 (1949).

[8] W. Gröbner, Über das Macaulaysche inverse System und dessen Bedeutung für die Theorie der linearen Differentialgleichungen mit konstanten Koeffizienten, Hamb. Abh. **12**, 127 (1938).

[9] W. Gröbner, Über die algebraischen Eigenschaften der Integrale von linearen Differentialgleichungen mit konstanten Koeffizienten, Monatsh. Math. Phys. **47**, 247 (1939).

[10] W. Gröbner, Über die idealtheoretischen Grundlagen der algebraischen Geometrie, Proc. Internat. Congr. Math. 1945 Amsterdam **3**, 447 (1956).

[11] W. Gröbner, Über irreduzible Ideale in kommutativen Ringen, Math. Ann. **110**, 197 (1934).

[12] D. Hilbert, Über die Theorie der algebraischen Formen, Gesammelte Abhandlungen, Band 2, Berlin 1933, S. 199.

[13] E. Kähler, Geometria aritmetica, Ann. Mat. pura appl., IV. Ser. **45** (1958).

[14] W. Krull, Dimensionstheorie in Stellenringen, J. reine angew. Math. **179**, 207 (1938).

[15] W. Krull, Idealtheorie, Ergebn. der Math. **4**, Heft 3, Berlin 1933.

[16] W. Krull, Theorie der Polynomideale und Eliminationstheorie, Enzykl. Math. Wiss. I_1, 12, Leipzig 1939.

[17] E. Lasker, Zur Theorie der Moduln und Ideale, Math. Ann. **60**, 20 (1905).

[18] G. Lustig, Über die Zetafunktion einer arithmetischen Mannigfaltigkeit, Math. Nachr. **14**, 309 (1956).

[19] F. S. Macaulay, The Algebraic Theory of Modular Systems, Cambridge 1916.

[20] S. MacLane, Homology, Berlin 1963.

[21] M. Nagata, Local Rings, New York–London 1962.

[22] D. G. Northcott, Ideal Theory, Cambridge 1953.

[23] J. F. RITT, Differential Equations from the Algebraic Standpoint, New York 1932.

[24] A. SCHOENFLIESS, Bemerkung zu Hilberts Theorie der algebraischen Formen, Gött. Nachr. (1891), S. 339.

[25] B. SEGRE, Some Properties of Differential Varieties and Transformations, Ergebn. der Math., N. S., Heft 13, Berlin 1957.

[26] J.-P. SERRE, Sur la dimension homologique des anneaux et des modules noethériens, Proc. Internat. Symp. Algebraic Number Theory, Tokyo 1955, 175 (1956).

[27] B. L. VAN DER WAERDEN, Algebra, 2. Teil, Berlin 1955.

[28] O. ZARISKI, P. SAMUEL, Commutative Algebra I, II, Princeton 1965, 1960.